算数だいじょうぶドリル　5年生　もくじ

4年生

5年生

おうちの方へ

教科書の内容すべてではなく、特につまずきやすい単元や次学年につながる内容を中心に構成しています。前の学年の内容でつまずきがあれば、さらにさかのぼって学習するのも効果的です。

キャラクターしょうかい

コッツはかせ

コツメカワウソのおじいさん。
子どもの算数の力を育てるための研究をしている。

カワちゃん

コツメカワウソの小学生。
休み時間にボールで遊ぶのが大好き！

ロボたま　次世代型算数ロボット＝ロボたま０号

コッツはかせがつくったロボット。
自分で考えて動けて進化できる、すごいやつ。

1

はかせ、新しいロボットを開発したって本当？

本当だとも

2

その名も
次世代型算数ロボット＝ロボたま０号！

バーーン

!!

3

このロボたまは算数を教えてあげると進化するのじゃ。
カワちゃん、君にはそれをやってもらいたい

オネガイシマス

キラキラ

おもしろそう！

4

たのんだぞ！

グッ

まかせてはかせ！

ピューーン

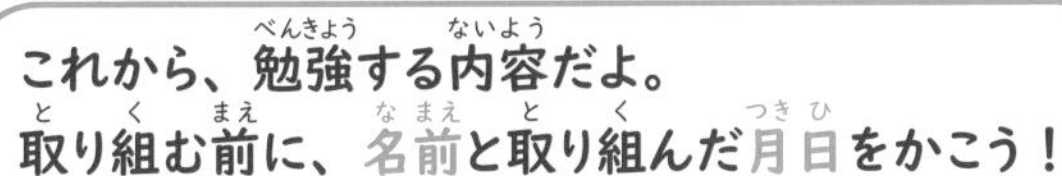

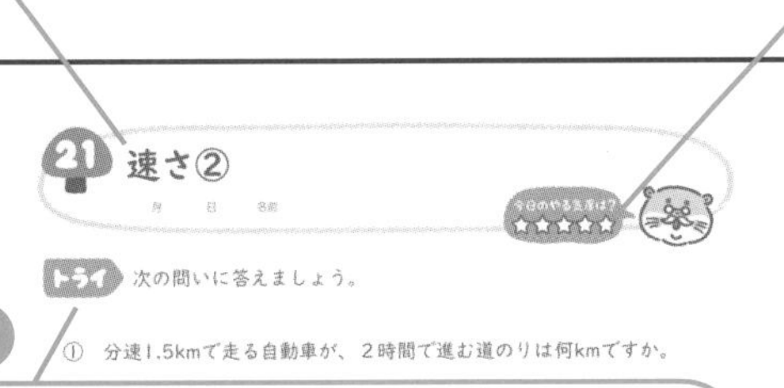

ポイント１

まず「トライ」にチャレンジ！
むずかしかったら、コッツはかせに聞いてみよう！

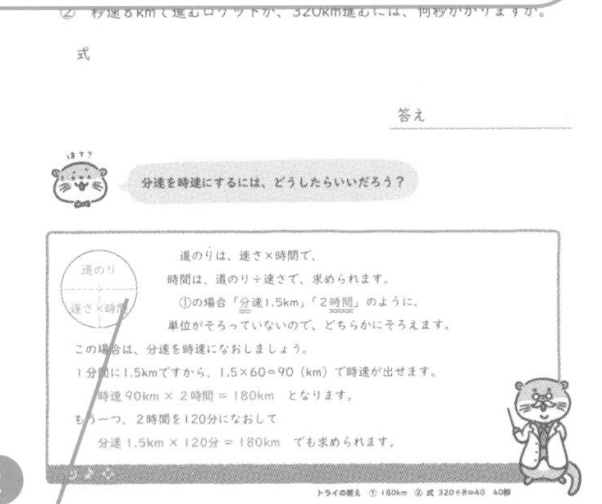

ポイント２

「解説」
コッツはかせが問題のとき方を
やさしく教えてくれるよ！
読んで確認してみよう！

ポイント３

「トライ」ができたら
いろんな問題にチャレンジ！
１つずつていねいにとこう！

1 次の道のりを求めましょう。
① 分速300mの自転車が、12分間で走…
式
答え
② 自動車が、高速道路で時速96kmの速さで30分走りました。何km進みましたか。
式
30分は0.5時間だね

アドバイスをしてくれるよ

2 カタツムリが、秒速0.2cmで進んでいます。6cm進むには、何秒かかるでしょう。
式
答え

3 次の表にあてはまる速さをかきましょう。

	秒速(m)	分速(km)	時速(km)
電車		0.9km	54km
新幹線			270km
飛行機	240m		

単位に注意しよう

ロボたまにインストール…
道のりは、□×□
時間は、□÷□で求めるよ。

勉強したことを「ロボたま」に教えてあげよう！
きみが教えてあげると「ロボたま」が進化するんだ！

これもイイね！

ちょっとひと休み♪
「算数クロスワード」で
楽しく算数のべんきょうをしよう

「答え」をはずして使えるから
答えあわせがラクラクじゃ♪

ハイ！ガンバリ マショウ

1 がい数

月　日　名前

トライ 十の位を四捨五入(ししゃごにゅう)して、がい数で表しましょう。

① 526　(　　　)
② 273　(　　　)
③ 387　(　　　)

十の位を四捨五入って、十の位がどの数字のとき0になるのかな？

およその数をがい数といいます。

ある数をきりがよい、だいたいの数で知りたいときは、その数をがい数で表しましょう。

四捨五入のしかた

（1） 十の位を四捨五入して、がい数で表しましょう。

① 526 ⟶ 500

十の位に注目して、0、1、2、3、4のときは十の位から下の数をすべて切り捨(す)てて0にします。

（2） 四捨五入して、千の位までのがい数で表しましょう。

4507 ⟶ 4|507 ⟶ 5000

千の位の右にたて線をひき、百の位に注目して、

5、6、7、8、9のときは、切り上げて千の位を1ふやします。

トライの答え　① 500　② 300　③ 400

1 百の位を四捨五入して、がい数で表しましょう。

① 2480　（　　　）　② 5763　（　　　）　③ 16729　（　　　）

2 四捨五入して、千の位までのがい数で表しましょう。

① 6873　（　　　）　② 69541　（　　　）　③ 157099　（　　　）

3 四捨五入して、上から2けたのがい数で表しましょう。

① 37640　（　　　）　② 487540　（　　　）　③ 2953689　（　　　）

「上から2けた」のときは3けた目に注目して、四捨五入するよ

4 お兄さんは3942円、わたしは2499円持っています。
あわせておよそ何千円持っていますか。

千の位までの
がい数にしよう

式

答え

ロボたまにインストール…

四捨五入するときは0、1、2、3、4のときは（　　　）、
5、6、7、8、9のときは（　　　）をしよう。

2 わり算①

月　日　名前

トライ 次の計算をしましょう。

① 7)48

② 4)75

③ 2)536

わり算の筆算のやり方をわすれちゃったよー

わり算の答えを商といいます。わり算の筆算は、
「たてる」→「かける」→「ひく」をして0になるとわり切れています。

① 7)48 の上に6 → 7)48 の上に6、下に42 → 7)48 の上に6、下に42、ひいて6

筆算のしかたを思い出そう

たてる
答えになりそうな商を「たてる」
4は7でわれないので48で考えます。

かける
たてた商とわる数を「かける」

ひく
わられる数から「ひく」「0」になればわり切れています。

トライの答え　① 6あまり6　② 18あまり3　③ 268

1 次の計算をしましょう。

① 7)39

② 4)27

③ 8)52

2 次の計算をしましょう。

① 4)66

② 5)93

③ 3)86

3 次の計算をしましょう。

① 5)934

② 3)523

③ 2)973

ロボたまにインストール…

わり算筆算は［　　］［　　］［　　］の順で計算するよ。

3 わり算②

月　　日　　名前

トライ 次の計算をしましょう。

① 32)64　　② 25)76　　③ 47)188

2けたの数でわる筆算は、どうするんだったかな？

①

32)64 → 32)64 → 3□)6□（2をたてる）→ 32)64 ＝ 2（64−64＝0）

かた手かくし ６の中に32は ありません。	64の中に 32はあるので 一の位に 商がたつ。	両手かくし ６÷３＝２ ２をたてる。	32×2＝64（かける） 64−64＝0（ひく）

トライの答え　① 2　② 3あまり1　③ 4

1 次の計算をしましょう。

① 26)78
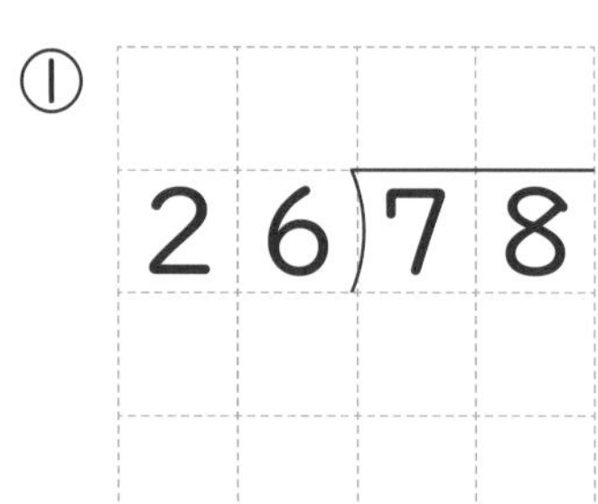

② 21)84
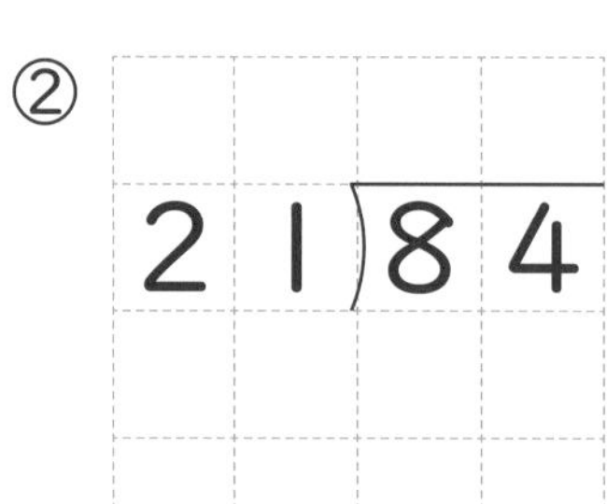

③ 23)69
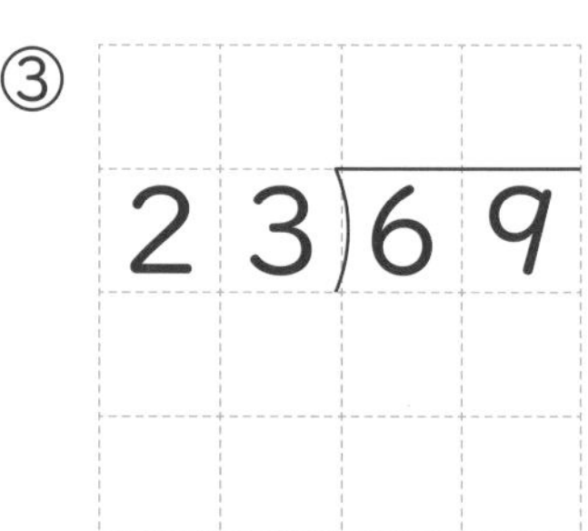

2 次の計算をしましょう。

①
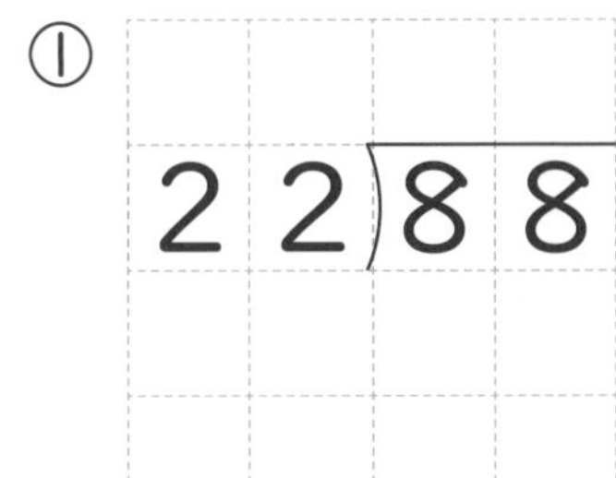

②
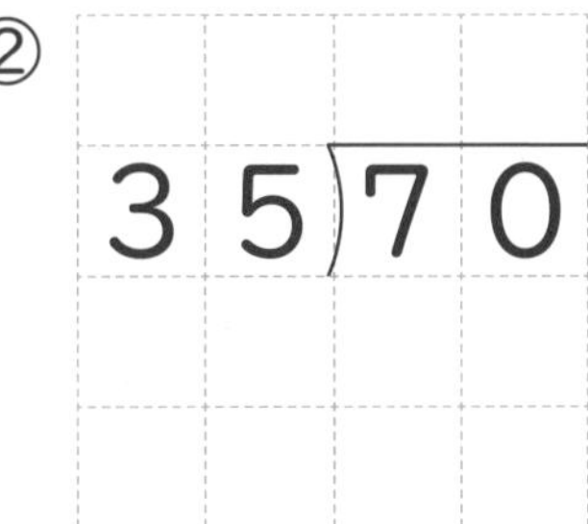

③ 24)72

④
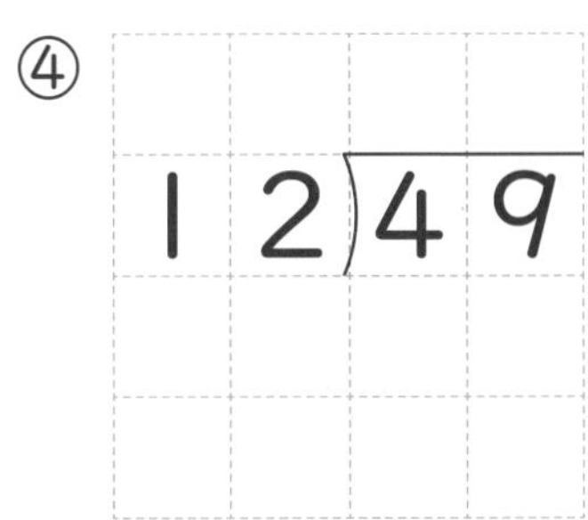

⑤
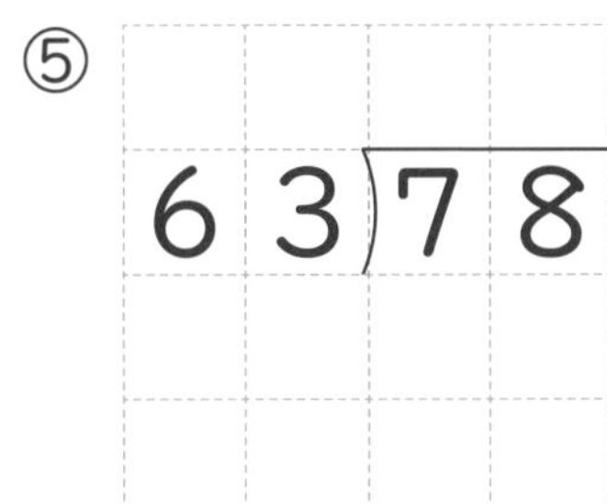

⑥
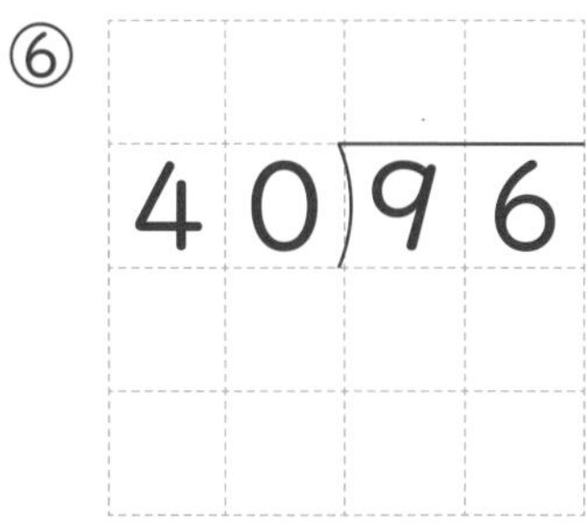

3 次の計算をしましょう。

①
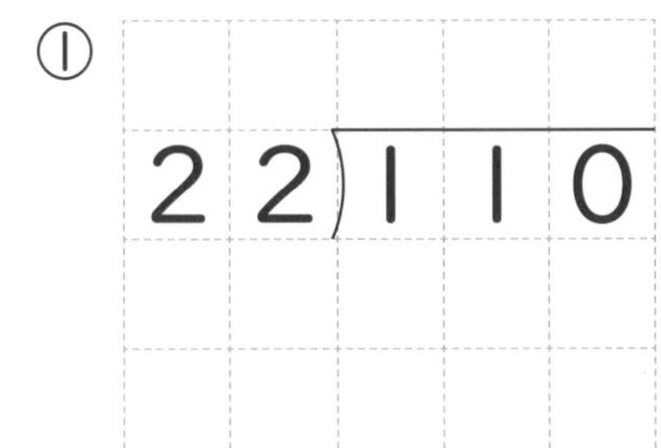

②
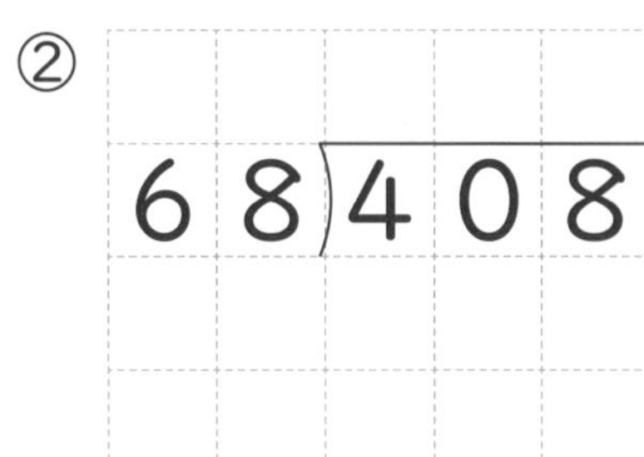

③
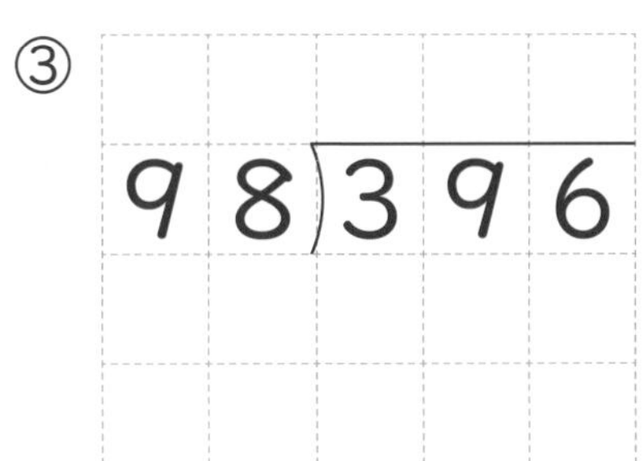

④
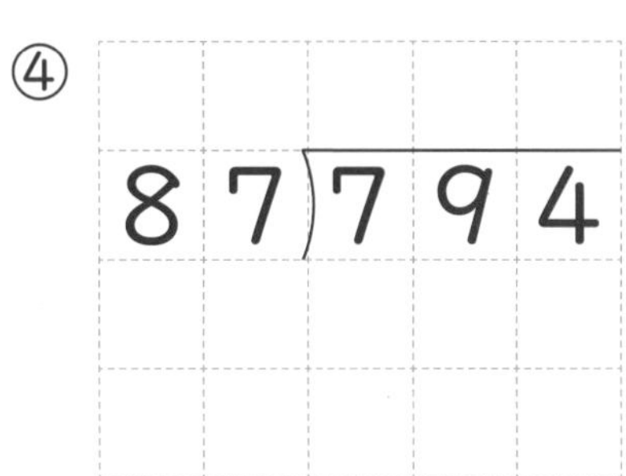

ロボたまにインストール…

2けたでわる計算は、まず（　　　　　　）で商のたつ位を見つけ、そのあと（　　　　　　）で商をもとめて計算しよう。

月　日　名前

トライ　次の計算をしましょう。

①

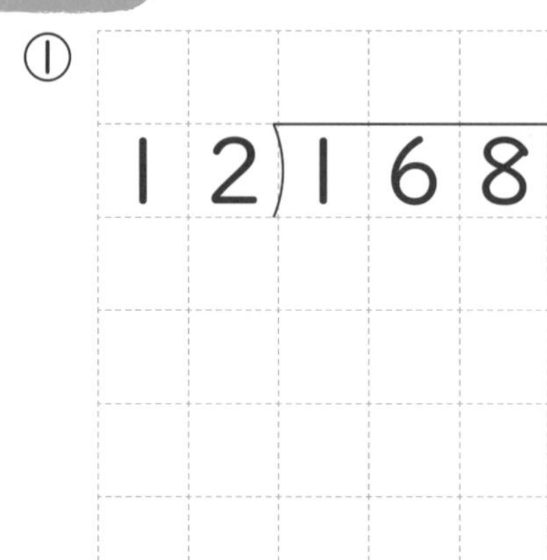

②

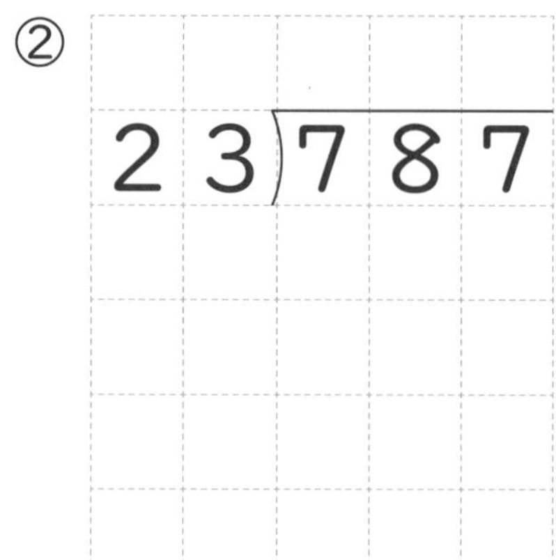

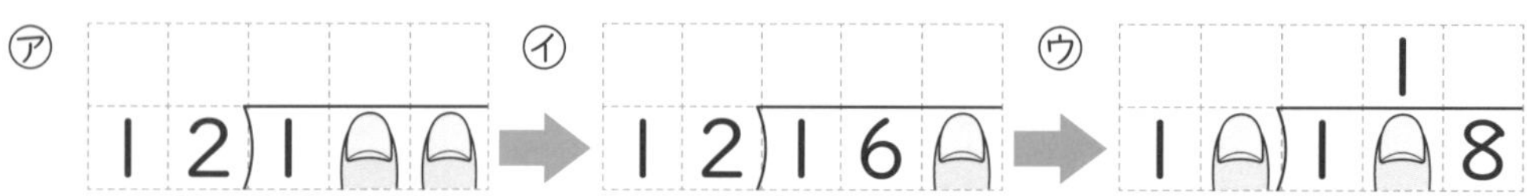

① 168÷12 の計算のしかた

㋐ 1の中に12はない。

㋑ 16の中に12はあるので十の位からたつ。

㋒ 1÷1＝1 十の位に1をたてる。

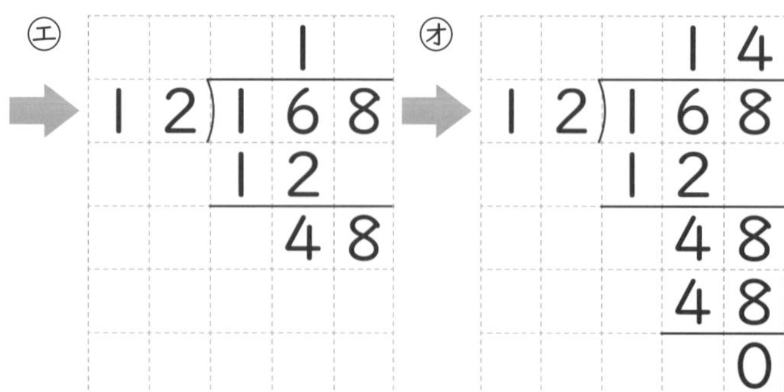

㋓ 12×1＝12 16－12＝4

㋔ 48÷12＝4

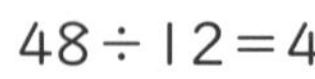

トライの答え　① 14　② 34あまり5

1 次の計算をしましょう。

①

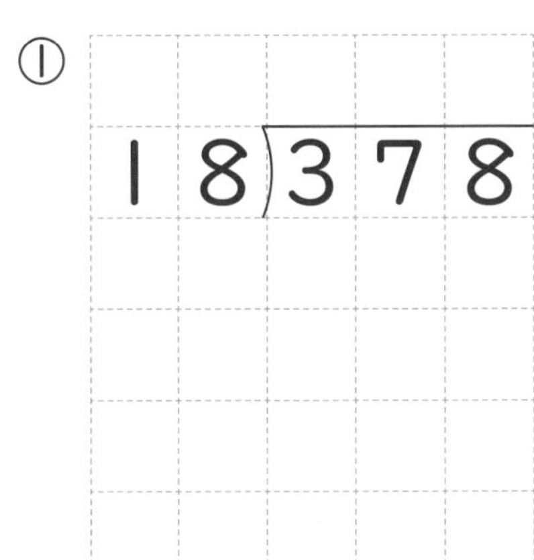

②

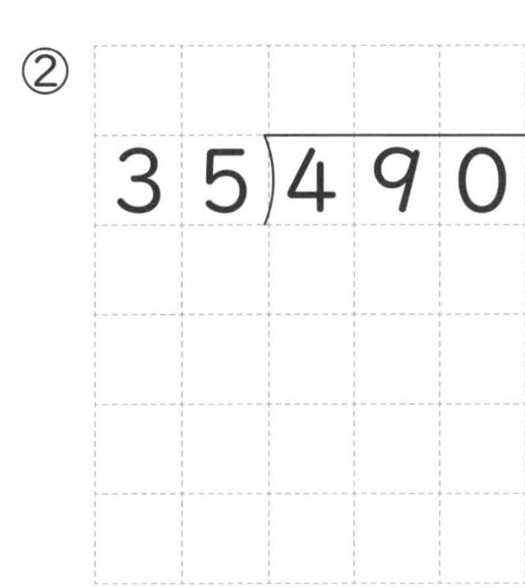

2 次の計算をしましょう。

①

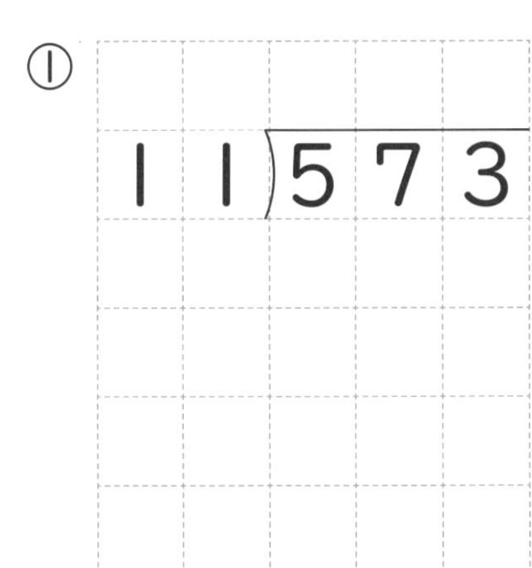

②

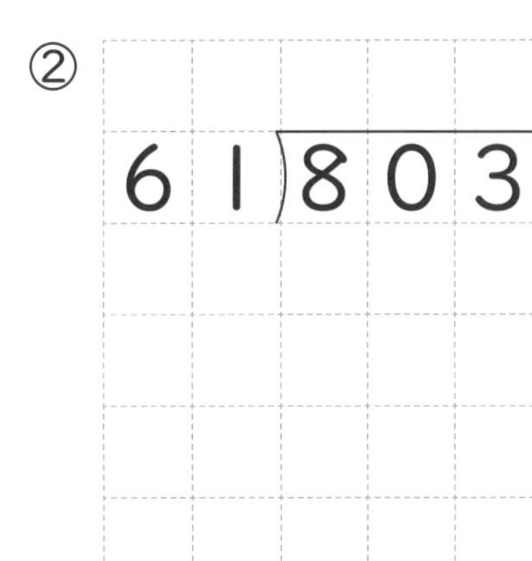

③

27)571

④

ロボたまにインストール…

わり算　18)457　の商はまず（　　　）の位にたつよ。

5 わり算④（仮商修正）

月　　日　　名前

トライ 次の計算をしましょう。

① 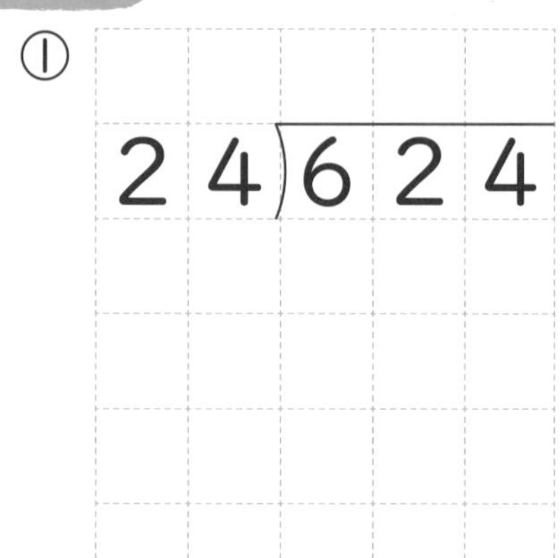

② 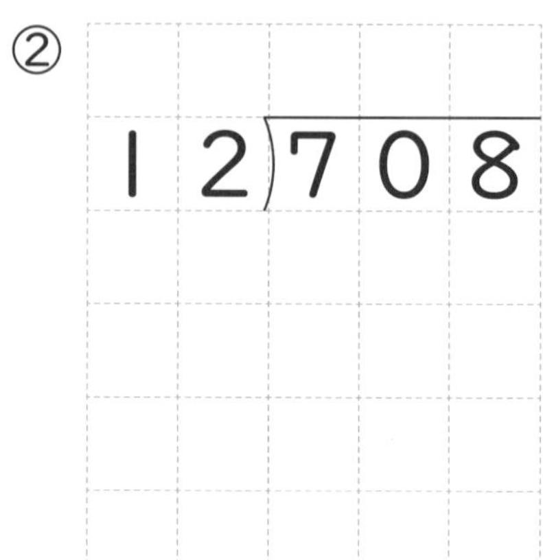

商をたてるのがむずかしいよー

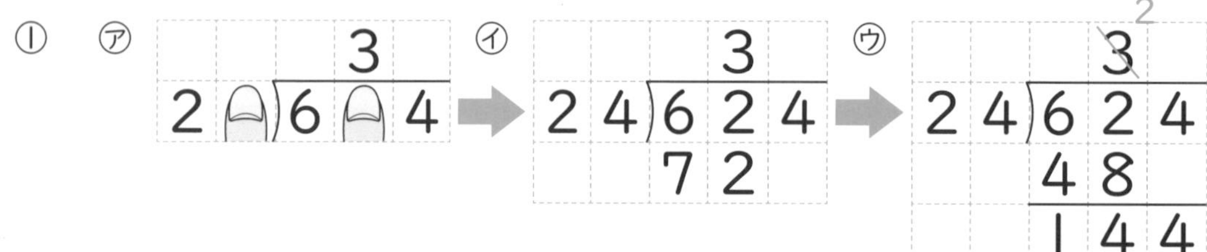

商のたてなおしのしかた

① ㋐ 両手かくして
6÷2＝3
十の位に3を
たてる。

㋑ 62－72はできない。

㋒ 商を1へらして
2をたてなおす。
24×2＝48
62－48＝14
4をおろす。

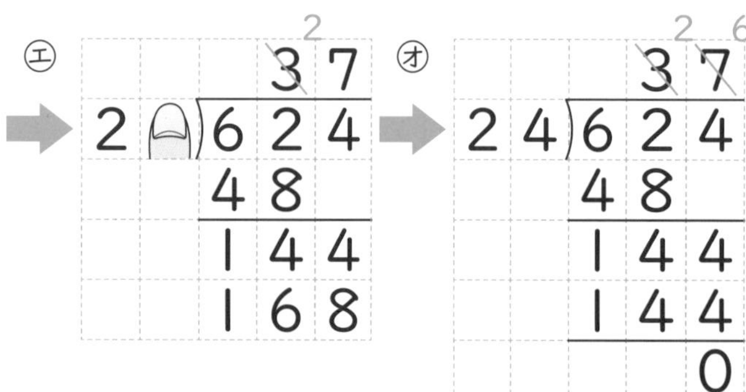

㋓ 14÷2＝7
7をたてる。
144－168はできない。

㋔ 商を1へらして
6をたてなおす。

トライの答え ① 26 ② 59

1　次の計算をしましょう。

①

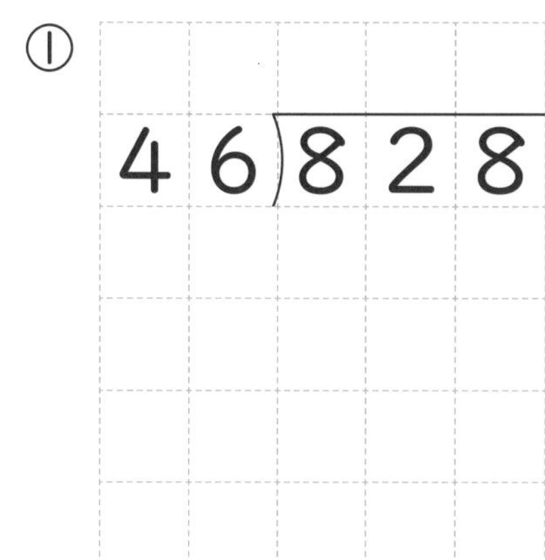

②

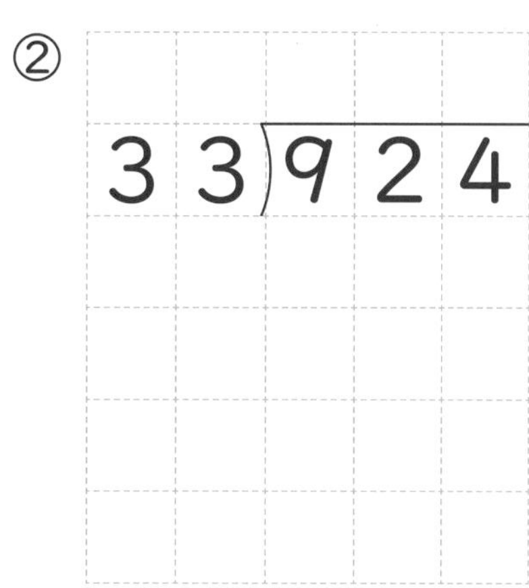

③

56)725

④

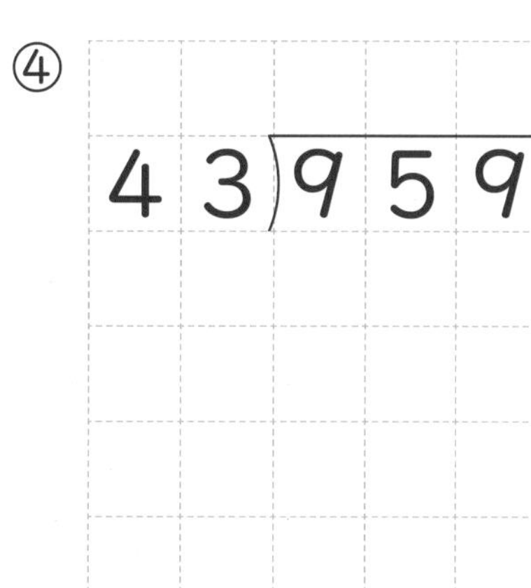

2　次の計算をしましょう。

①

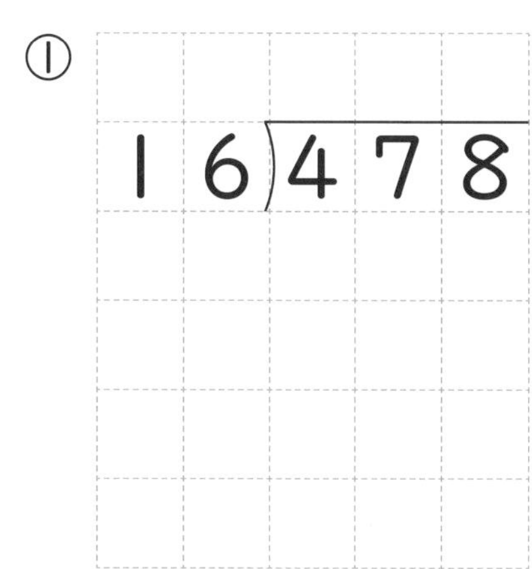

②

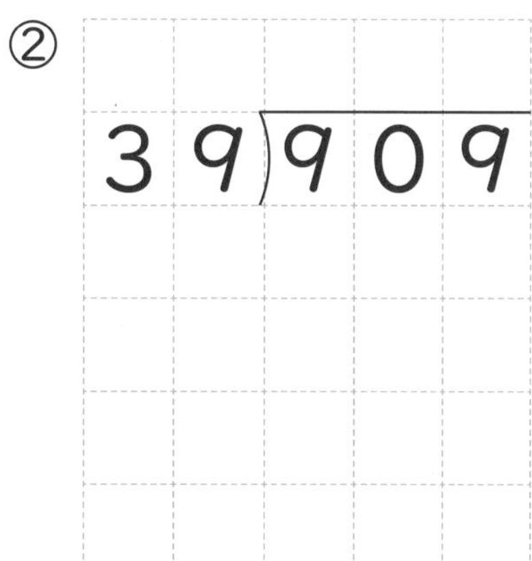

ロボたまにインストール…

商が大きすぎたときには、小さい商に（　　　　　）よ。

6 小数のかけ算

月　　日　　名前

トライ 次の計算をしましょう。

① 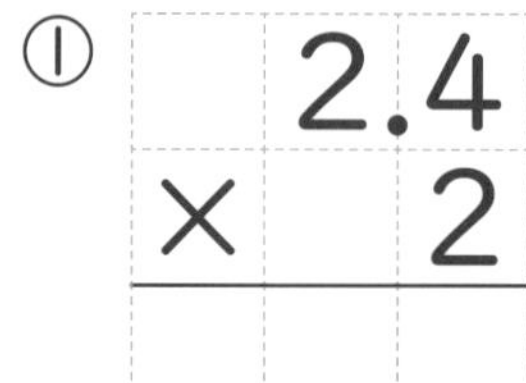

② 0.2×3

③ 3.23×4

小数点があると計算がむずかしいよー

小数のかけ算のしかた

①

	2	.4
×		2

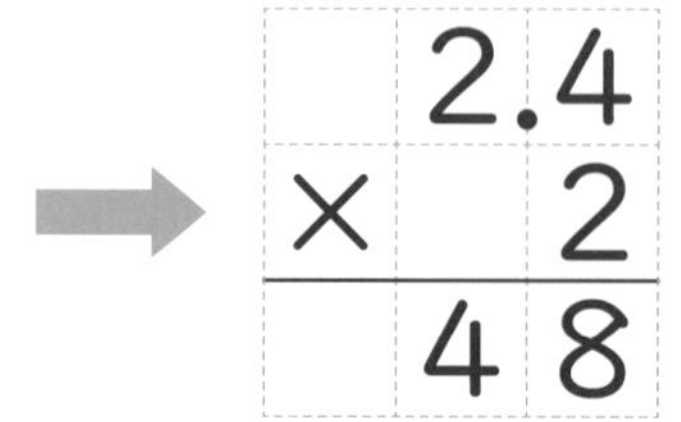

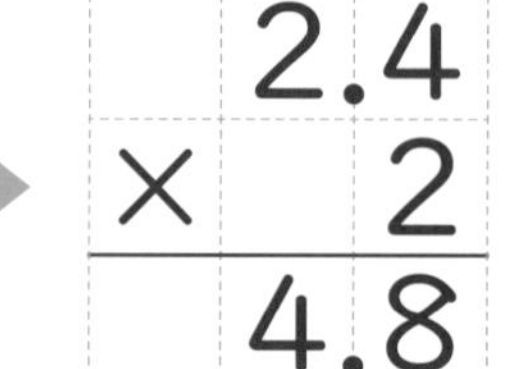

位はそろえずに、右にそろえて数をかく。

小数点を考えずに24×2を計算する。

小数点以下のけた数が同じになるように、答えに小数点をうつ。

②

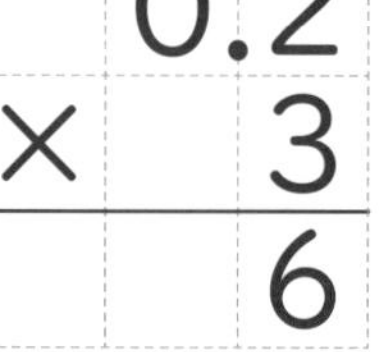

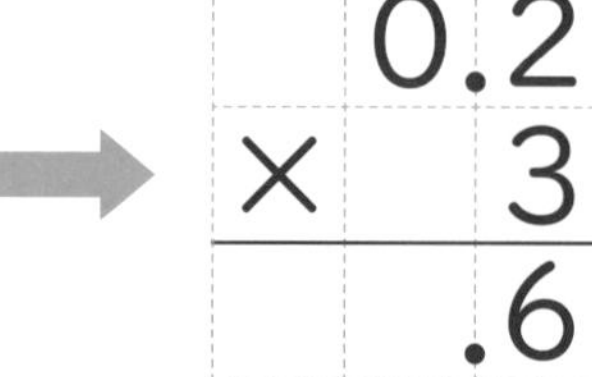

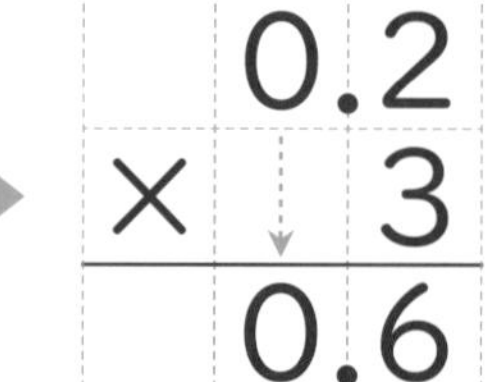

小数点を考えずに2×3を計算する。

小数点以下のけた数が同じになるように小数点をうつ。

一の位へのくり上がりがないときは0をかく。

トライの答え　① 4.8　② 0.6　③ 12.92

1 次の計算をしましょう。

① 1.2×3　② 4.7×6　③ 6.2×7　④ 9.3×4

2 次の計算をしましょう。

① 0.2×4　② 0.3×3　③ 0.5×7　④ 0.8×6

⑤ 0.2×5　⑥ 0.5×8　⑦ 3.2×5

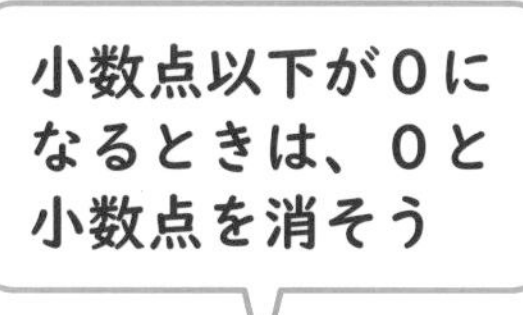

3 次の計算をしましょう。

① 4.35×7　② 3.26×4　③ 9.25×2

ロボたまにインストール…

小数の計算では、小数点以下のけた数が同じになるように
(　　　　　　) をうつよ。

小数のわり算①

月　日　名前

トライ 次の計算をしましょう。

① 3)2.1

②

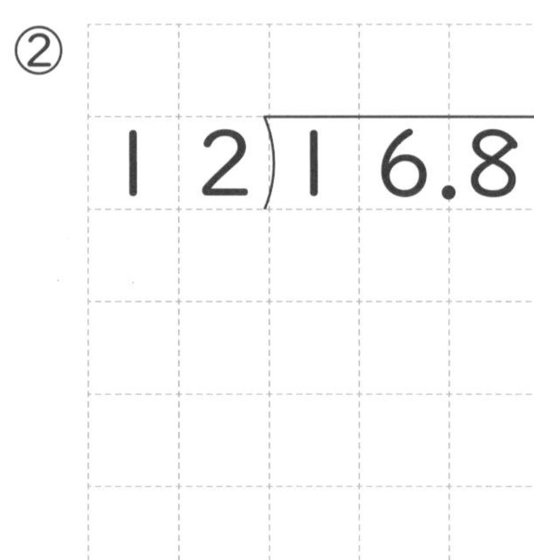

商の小数点はどこにうったらいいのかな？

小数÷１位数のしかた

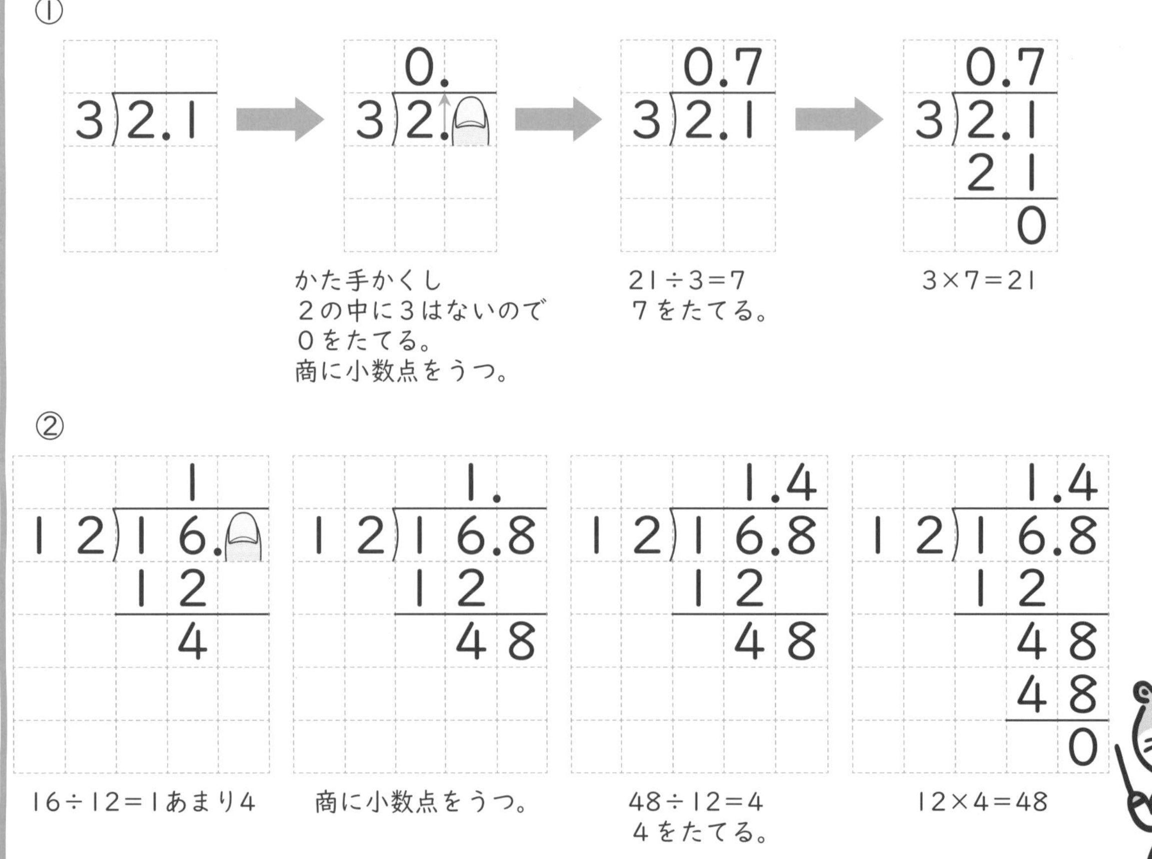

トライの答え　① 0.7　② 1.4

1 次の計算をしましょう。

① 9)8.1

② 6)5.4

③ 7)8.4

④ 4)7.2

2 次の計算をしましょう。

① 22)24.2

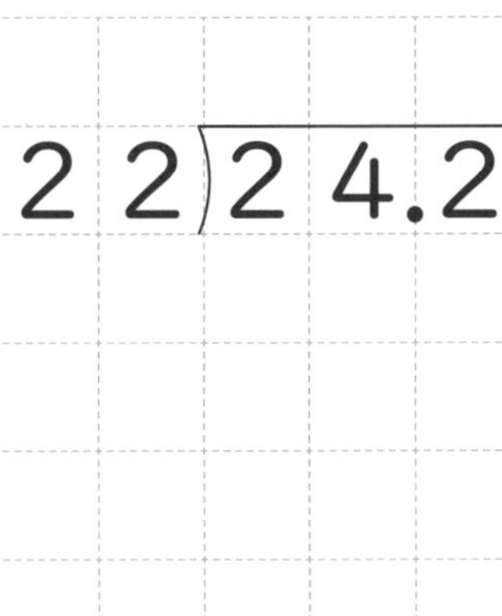

② 38)53.2

③ 29)69.6

3 次の計算をしましょう。

① 47)18.8

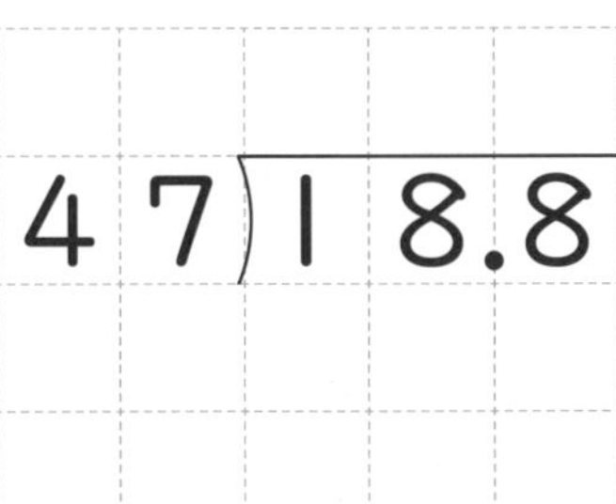

② 68)47.6

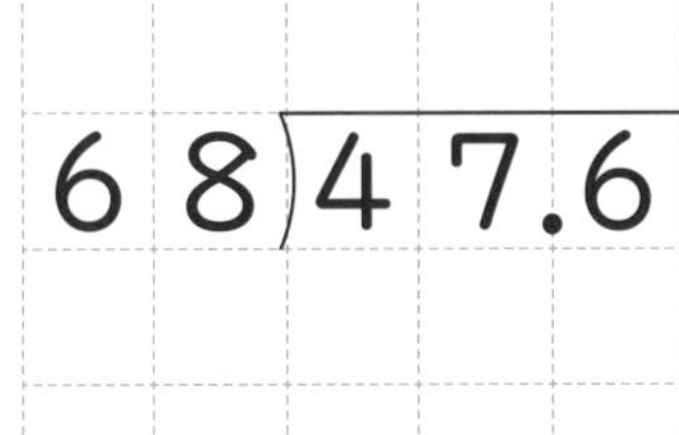

③ 29)26.1

ロボたまにインストール…

小数のわり算では（　　　　）をうつのを忘れないようにしよう！

8 小数のわり算②

月　日　名前

トライ 次の筆算を小数第１位まで計算し、あまりも求めましょう。

①

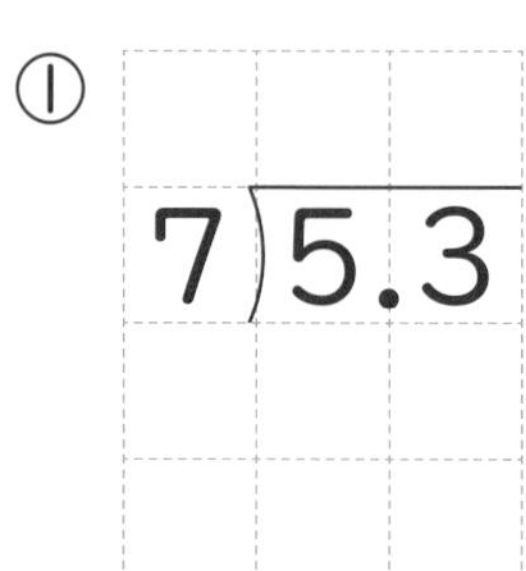

答え（　　　　　）

②

24)30.5

答え（　　　　　）

あまりの出し方がわからないよー

①

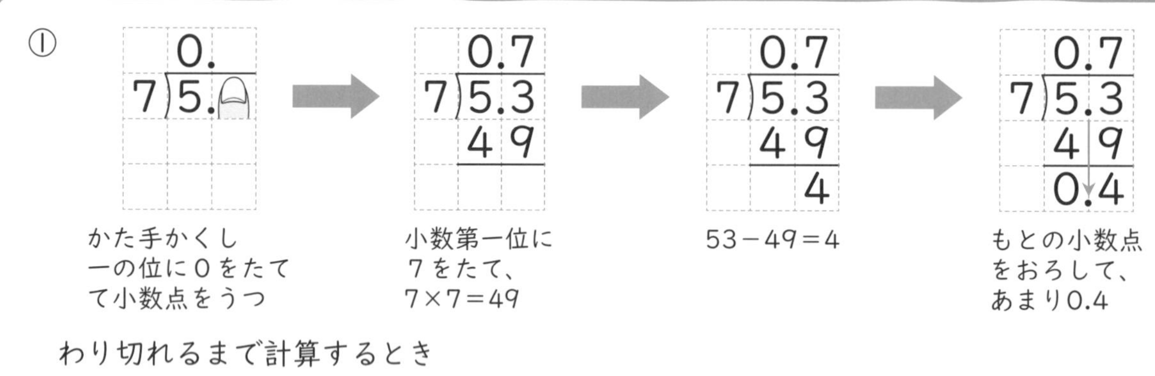

わり切れるまで計算するとき

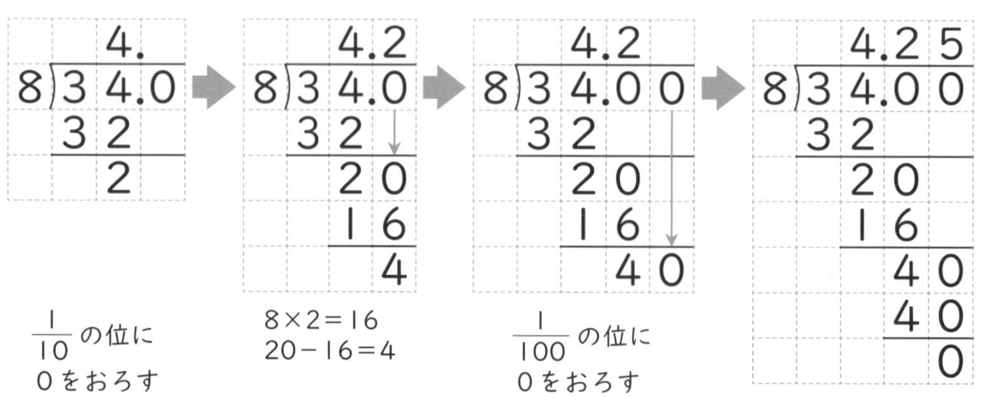

トライの答え　① 0.7あまり0.4　② 1.2あまり1.7

1 小数第１位まで計算し、あまりも求めましょう。

① 9)3.2

（　　　あまり　　　）

② 6)5.1

（　　　あまり　　　）

③ 4)3.3

（　　　あまり　　　）

④ 45)62.6

（　　　あまり　　　）

⑤ 51)78.4

（　　　あまり　　　）

⑥ 57)86.7

（　　　あまり　　　）

2 わり切れるまで計算しましょう。

① 4)5

② 4)7

③ 8)3

ロボたまにインストール…

わり切れるまで計算するときには $\frac{1}{10}$ の位、$\frac{1}{100}$ の位の順に（　　　　）をおろして計算するよ。

9 式と計算

月　　日　　名前

トライ 次の計算をしましょう。

① 20 ＋ 8 ÷ 4 ＝

② 90 − (50 ＋ 20) ＝

③ 3 × 4 ＋ 2 × 4 ＝

計算の順番は＋と−、×と÷のどちらが先だったかなー

計算のきまり

① ＋、−、×、÷のまじった式では、×、÷の計算を先にします。

20 ＋ 8 ÷ 4 ＝ 20＋ 2 ＝ 22
（8 ÷ 4 に ☆）

② （　）の中を先に計算します。

90 − (50 ＋ 20) ＝ 90 − 70 ＝ 20
（(50 ＋ 20) に ☆）

③ くふうして計算すると、計算が楽になります。

3 × 4	＋	2 × 4
○の数		□の数
(3 ＋ 2)	×	4
たての数		横の数

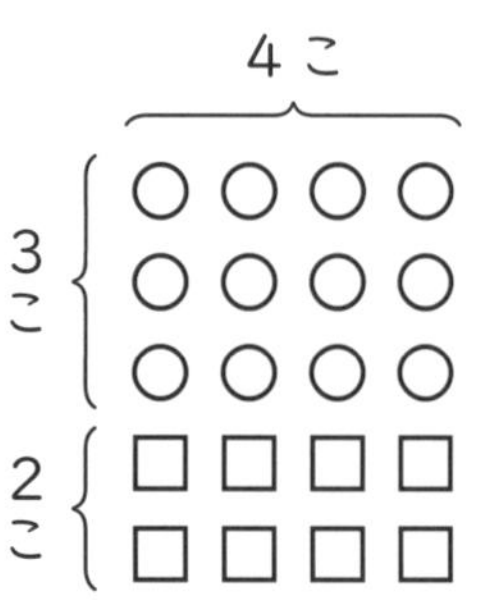

したがって、次のきまりがなり立ちます。

○ ＋ △ × □ ＋ △ ＝ (○ ＋ □) × △

トライの答え　① 22　② 20　③ 20

1 次の計算をしましょう。

① $13 + 35 \div 7 =$

② $49 + 8 \times 4 =$

③ $16 - 12 \div 3 =$

④ $33 - 6 \times 2 =$

2 次の計算をしましょう。

① $9 - (7 - 2) =$

② $3 \times (7 - 2) =$

③ $(12 + 15) \div 3 =$

④ $35 \div (12 - 7) =$

3 くふうして計算しましょう。

① $87 \times 5 + 13 \times 5 =$

② $209 \times 8 - 9 \times 8 =$

ロボたまにインストール…

＋、－、×、÷のまじった式では（　　　）や（　　　）の計算を先にするよ。

10 分数

月　　日　　名前

トライ 次の問いに答えましょう。

① □ の長さを帯分数で表しましょう。

㋐ 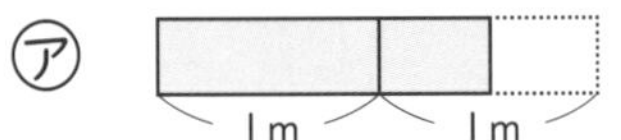

(　　　　) m

㋑ 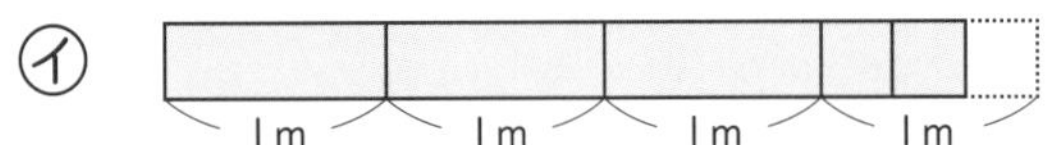

(　　　　) m

② □ にあてはまる数をかきましょう。

㋐ $\frac{1}{5} = \frac{\square}{10}$　　㋑ $\frac{5}{6} = \frac{\square}{12}$　　㋒ $\frac{1}{2} = \frac{3}{\square}$

③ 次の計算をしましょう。

㋐ $\frac{2}{5} + \frac{4}{5} =$　　㋑ $1\frac{1}{5} + 2\frac{2}{5} =$

㋒ $\frac{9}{7} - \frac{5}{7} =$　　㋓ $2\frac{5}{9} - 1\frac{4}{9} =$

$\frac{2}{5} + \frac{4}{5}$ は $\frac{6}{10}$ だったかな～?

分母が同じ分数は、分子どうしで計算します。

③ ㋐ $\frac{2}{5} + \frac{4}{5} = \frac{2+4}{5} = \frac{6}{5}$

同じ

トライの答え ①㋐ $1\frac{1}{2}$ ㋑ $3\frac{2}{3}$ ②㋐ 2 ㋑ 10 ㋒ 6 ③㋐ $\frac{6}{5} = 1\frac{1}{5}$ ㋑ $3\frac{3}{5}$ ㋒ $\frac{4}{7}$ ㋓ $1\frac{1}{9}$

1 次の仮分数を帯分数か整数に直しましょう。

① $\frac{5}{3}$ =　　② $\frac{12}{5}$ =

③ $\frac{18}{9}$ =　　④ $\frac{28}{7}$ =

2 次の帯分数を仮分数に直しましょう。

① $1\frac{2}{5}$ =　　② $1\frac{3}{8}$ =

③ $2\frac{3}{7}$ =　　④ $2\frac{4}{9}$ =

3 次の計算をしましょう。答えの仮分数は帯分数で表しましょう。

① $\frac{1}{7}+\frac{4}{7}$ =　　② $\frac{2}{5}+\frac{2}{5}$ =

③ $2\frac{1}{3}+1\frac{1}{3}$ =　　④ $1\frac{6}{7}+2\frac{2}{7}$ =

4 次の計算をしましょう。答えは真分数か帯分数で表しましょう。

① $\frac{8}{7}-\frac{4}{7}$ =　　② $\frac{10}{9}-\frac{2}{9}$ =

③ $2\frac{3}{5}-1\frac{2}{5}$ =　　④ $3\frac{4}{6}-1\frac{3}{6}$ =

ロボたまにインストール…

分数のたし算・ひき算は、分母はそのままで（　　　　）どうしを計算するよ。

11 角

月　　日　　名前

トライ 分度器を使って、角度をはかりましょう。

①

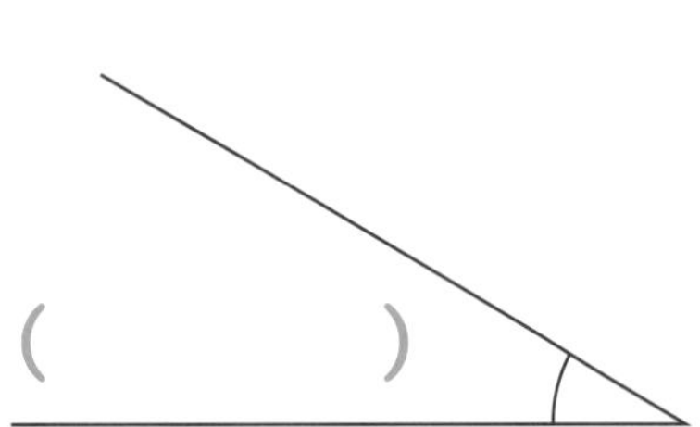

②

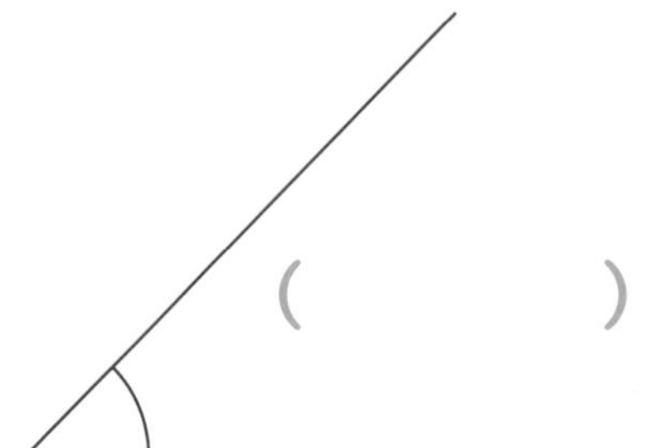

分度器の中心をどこに合わせるのかな

分度器の読み方

①

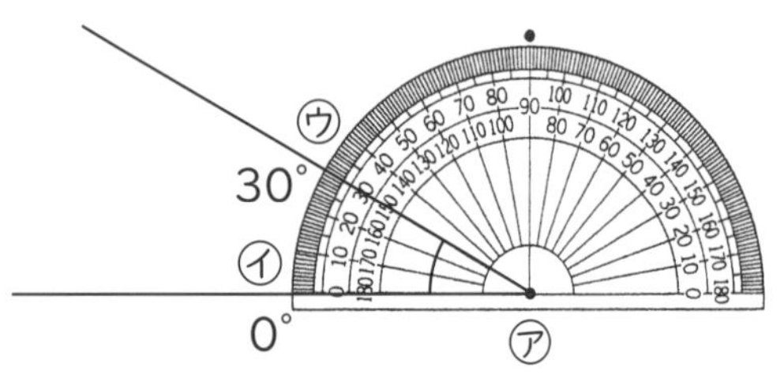

②

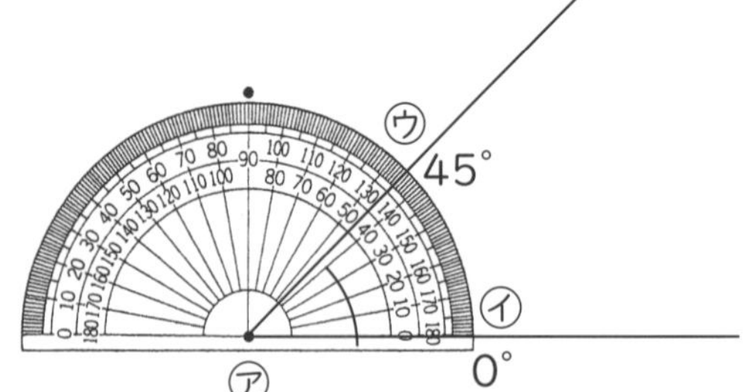

㋐　分度器の中心を角の頂点に合わせる。

㋑　一つの辺に、0の目もりを合わせる。

㋒　もう一方の辺の目もりを読む。

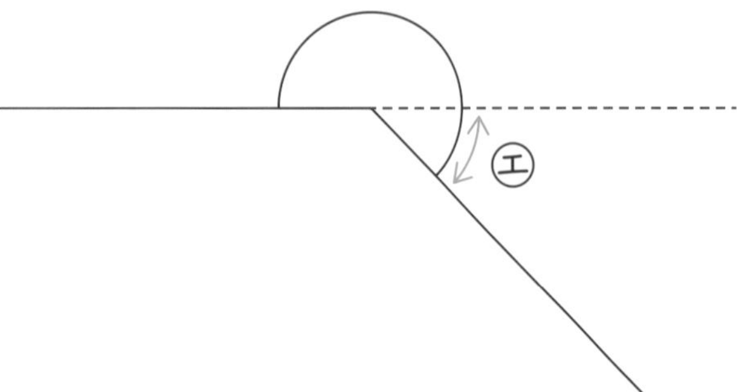

180°をこえる角は、
㋓の部分の角をはかり
180にたす。

180 ＋ ㋓

トライの答え　① 30°　② 45°

1 次の角度を分度器を使ってはかりましょう。

① (　　　　)

② (　　　　)

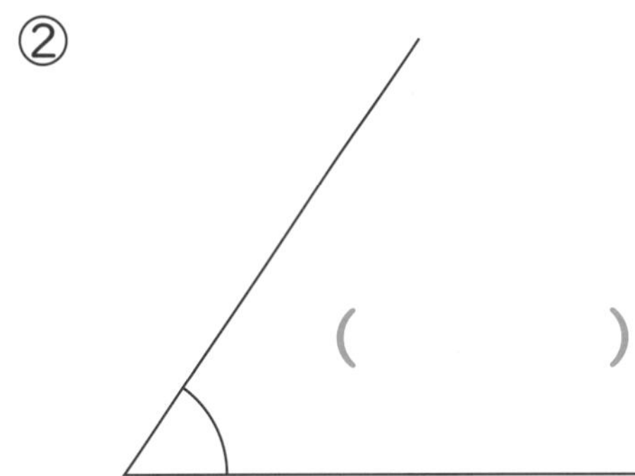

③ (　　　　)

④ (　　　　)

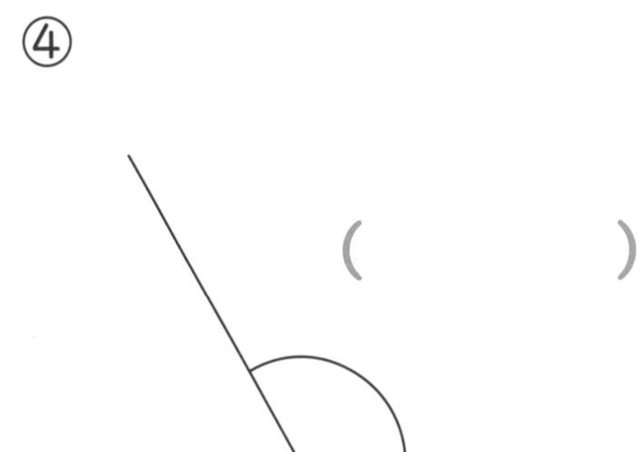

2 次の角度を分度器を使ってはかりましょう。

① (　　　　)

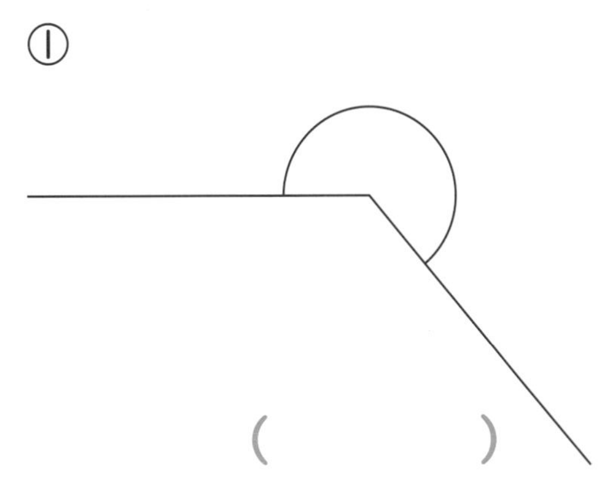

② (　　　　)

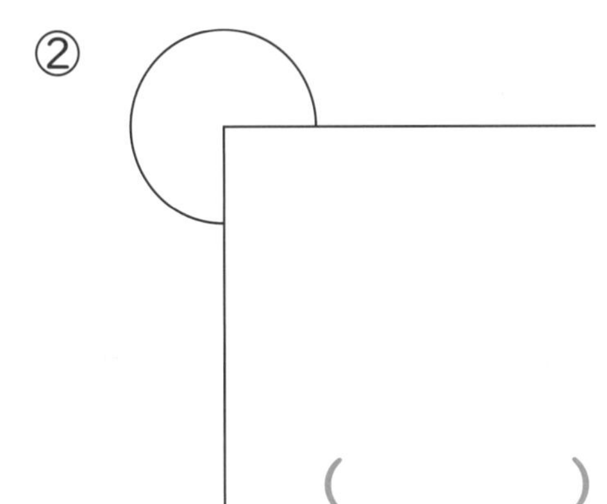

ロボたまにインストール…

角の頂点に分度器の (　　　　) を合わせ、一方の辺に (　　　　)°の目もりを合わせてからはかるよ。

12 垂直と平行

月　日　名前

トライ 長方形と正方形について答えましょう。

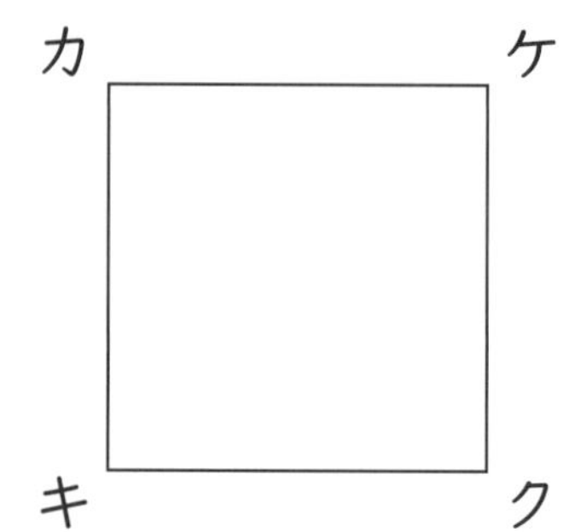

① 辺アイと垂直（すいちょく）な辺は

（　　　　）（　　　　）

② 辺カケと平行な辺は

（　　　　）

垂直って何だったかな？

垂直と平行の意味

２本の直線が直角に交わるとき、この２本の直線は垂直であるといいます。

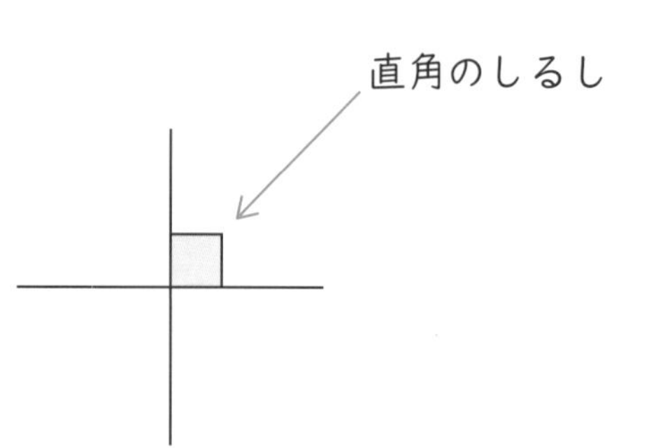

｜本の直線に垂直な２本の直線は、平行であるといいます。

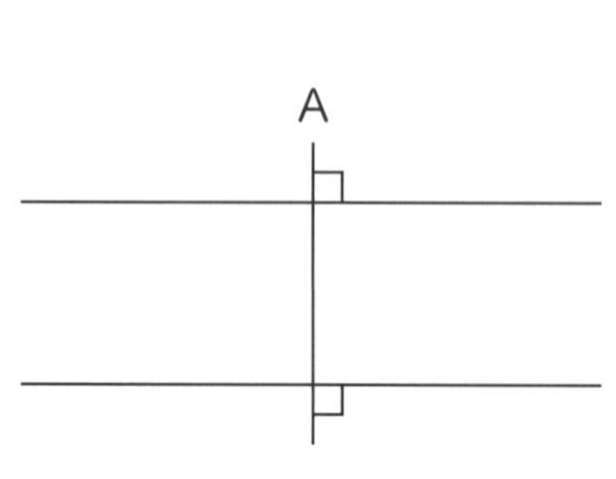

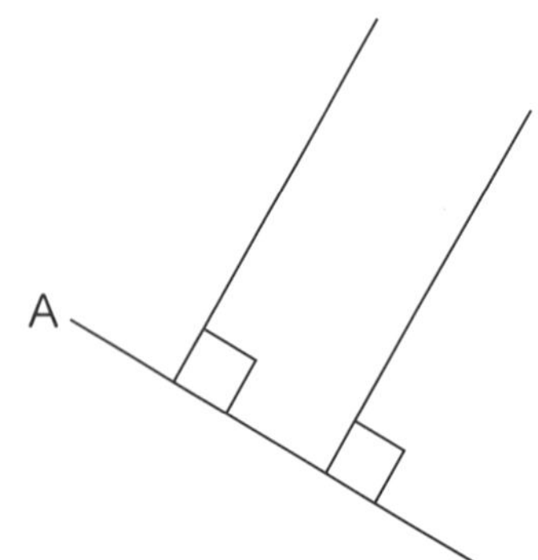

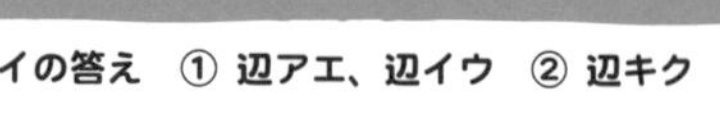

トライの答え　① 辺アエ、辺イウ　② 辺キク

1 直線Aに垂直な直線はどれとどれですか。

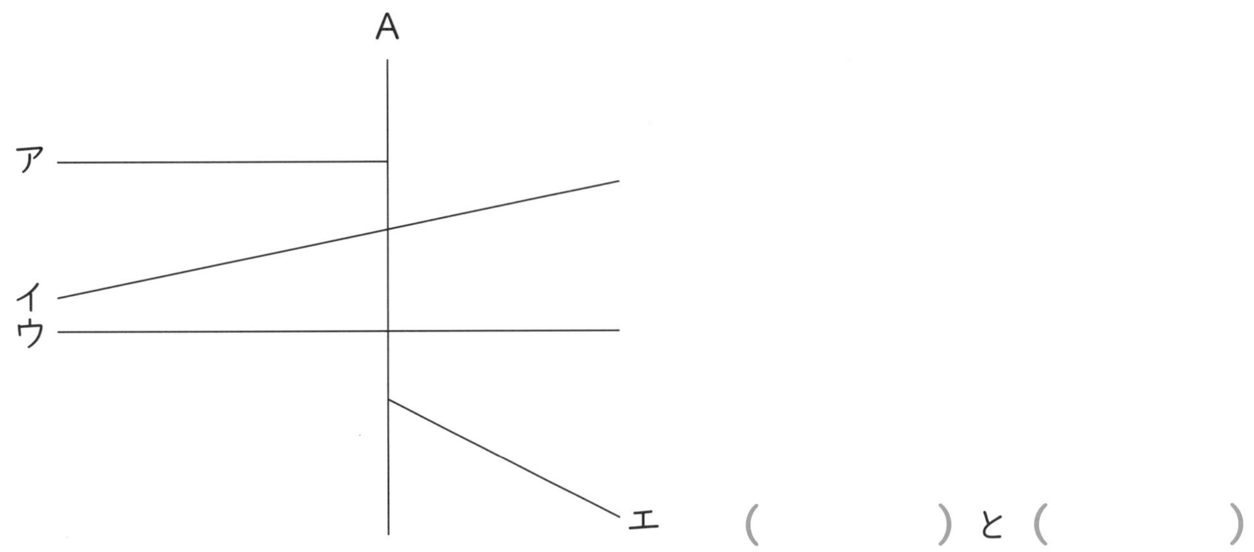

（　　　　）と（　　　　）

2 平行になっている直線を、２組見つけましょう。

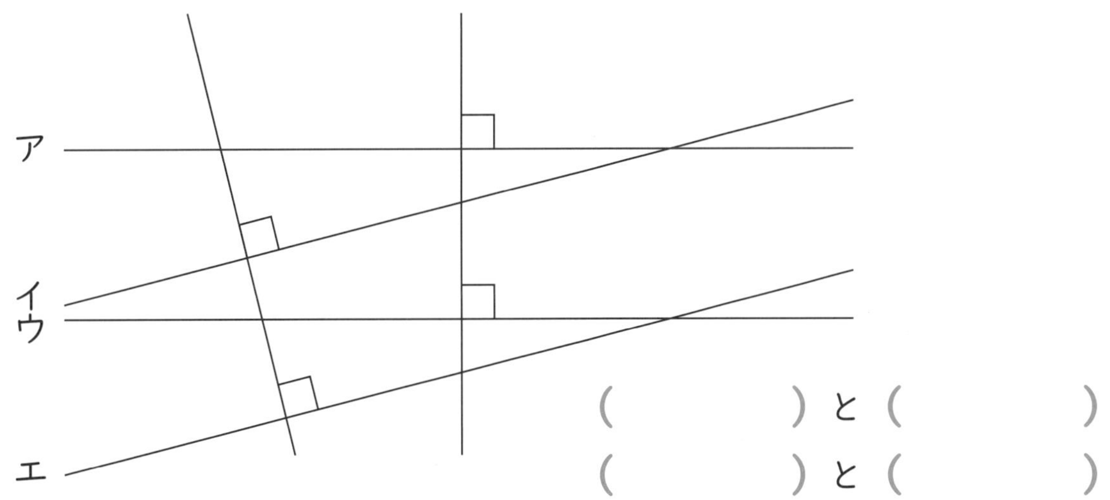

（　　　　）と（　　　　）

（　　　　）と（　　　　）

3 直線A、B、Cは平行です。角ア、イの角度を答えましょう。

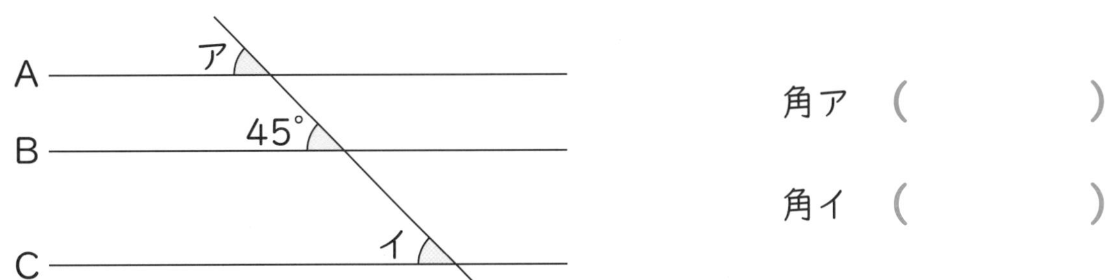

角ア（　　　　）

角イ（　　　　）

ロボたまにインストール…

１本の直線に垂直な２本の直線は（　　　　）であるというよ。

13 四角形

月　　日　　名前

トライ　次の平行四辺形の図を完成させましょう。

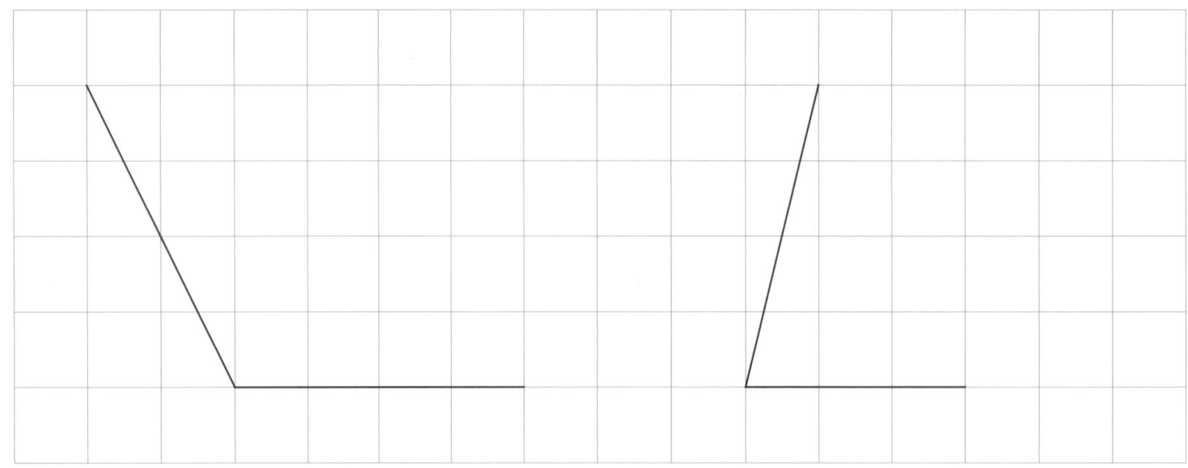

平行四辺形ってどんな形だったかな？

平行四辺形は、向かい合った２組の辺がそれぞれ平行な四角形です。

台形は、向かい合った１組の辺が平行な四角形です。

ひし形は、４つの辺の長さがすべて等しい四角形です。

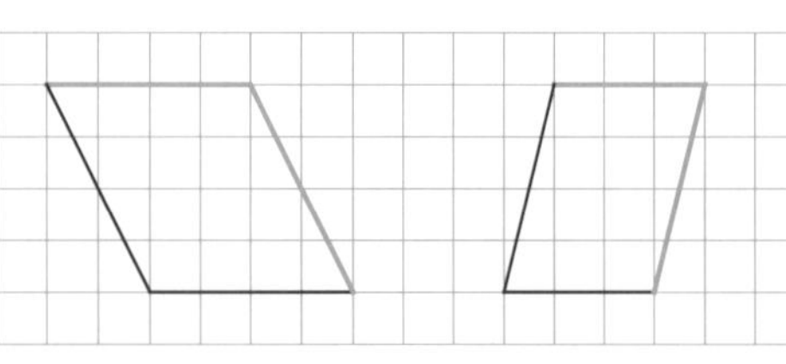

1　下の台形と同じ図形をかきましょう。

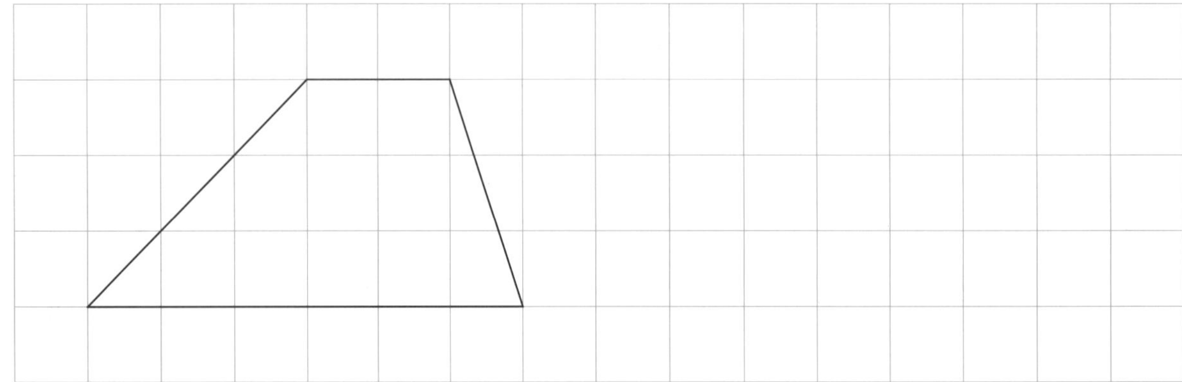

2 次の平行四辺形の図を完成させましょう。

①

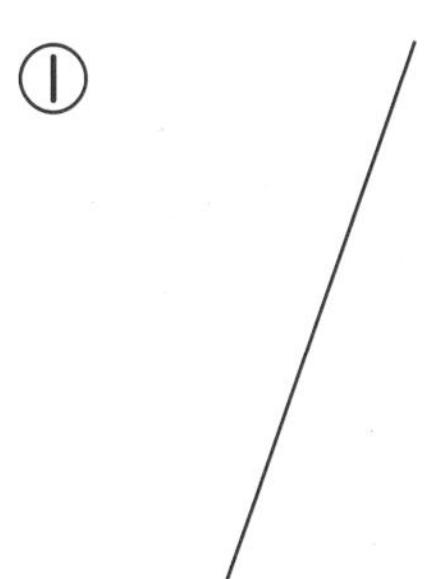

②

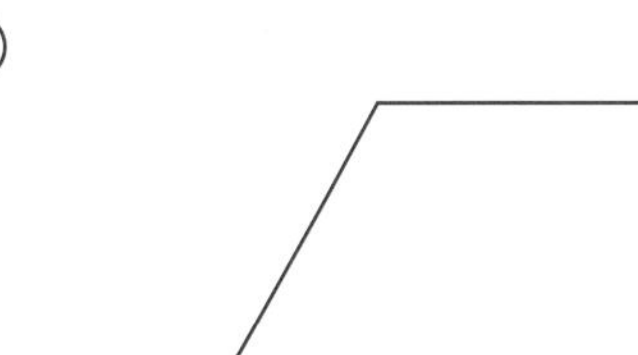

3 次の台形の図を完成させましょう。

①

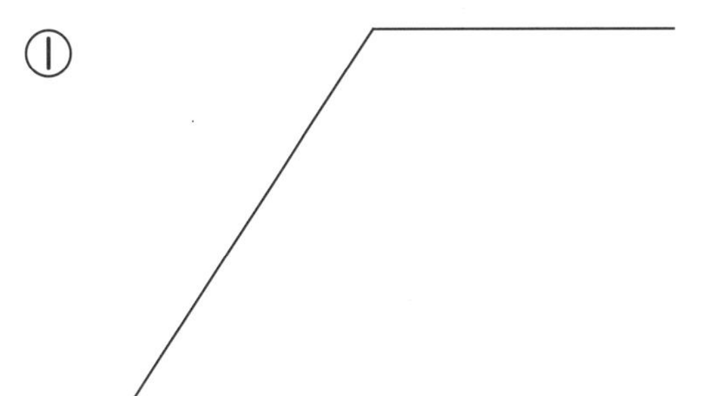

②

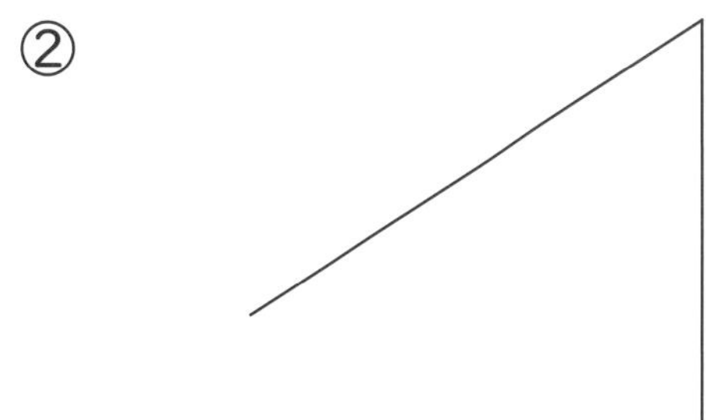

4 次の四角形の対角線をひき、（　）に四角形の名前をかきましょう。

①

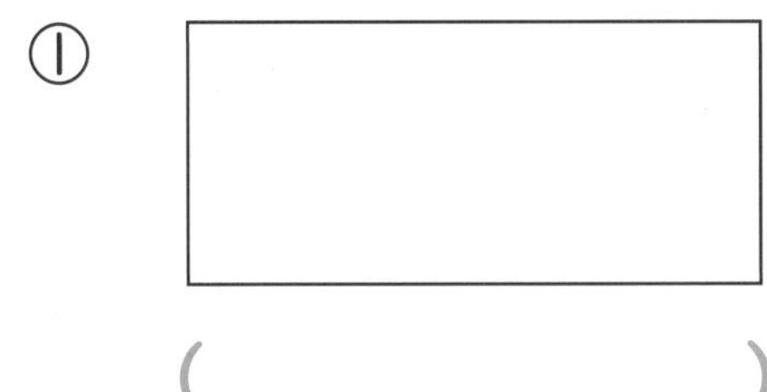

（　　　　　　）

②

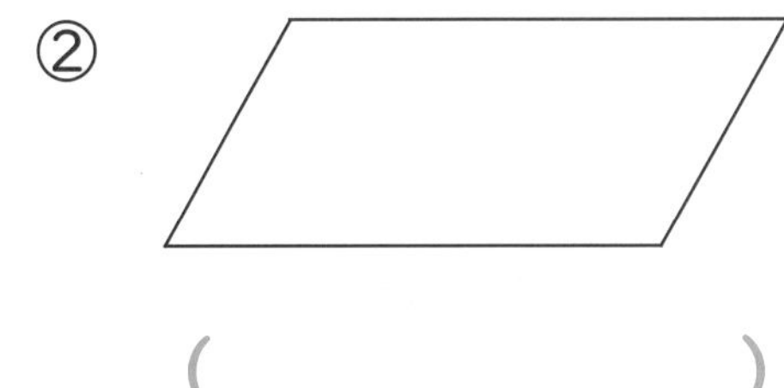

（　　　　　　）

③

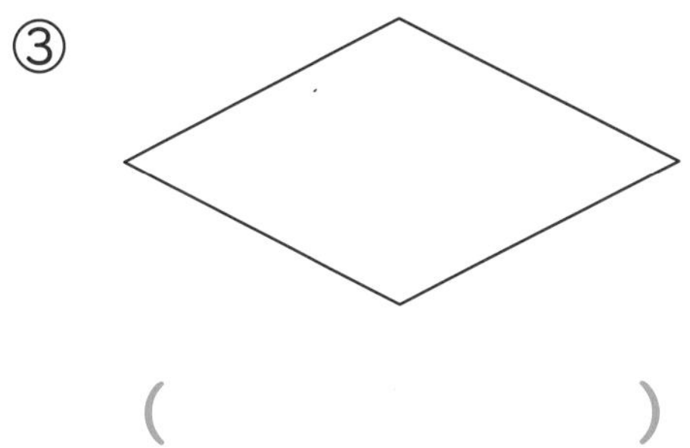

（　　　　　　）

④

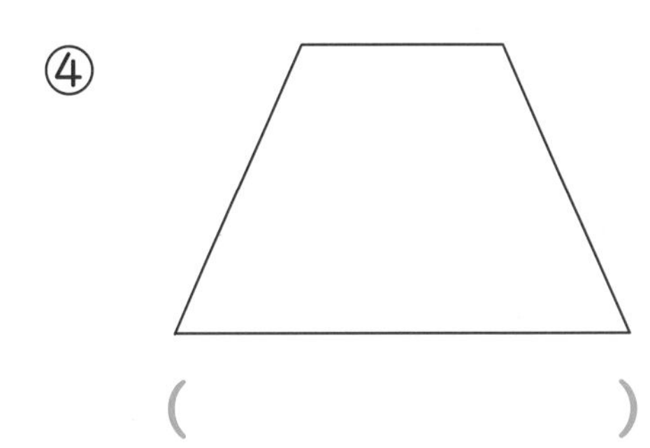

（　　　　　　）

ロボたまにインストール…

平行四辺形は、向かい合った（　　　）組の辺がそれぞれ平行な四角形だよ。

14 面積

月　　日　　名前

トライ 次の面積を求めましょう。

①

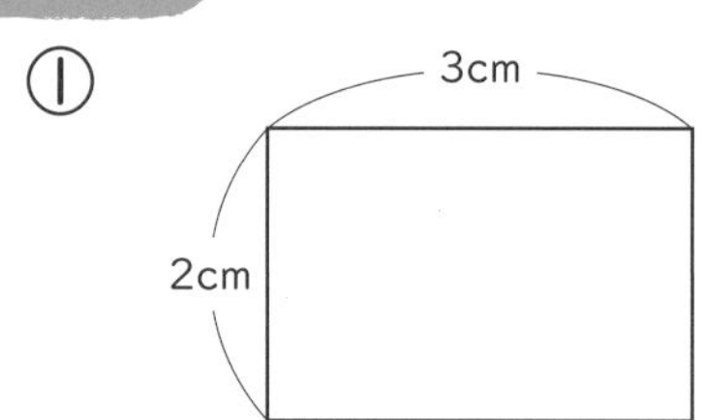

式

答え

②

4cm

4cm

式

答え

面積ってどうやって求めるんだったかな？

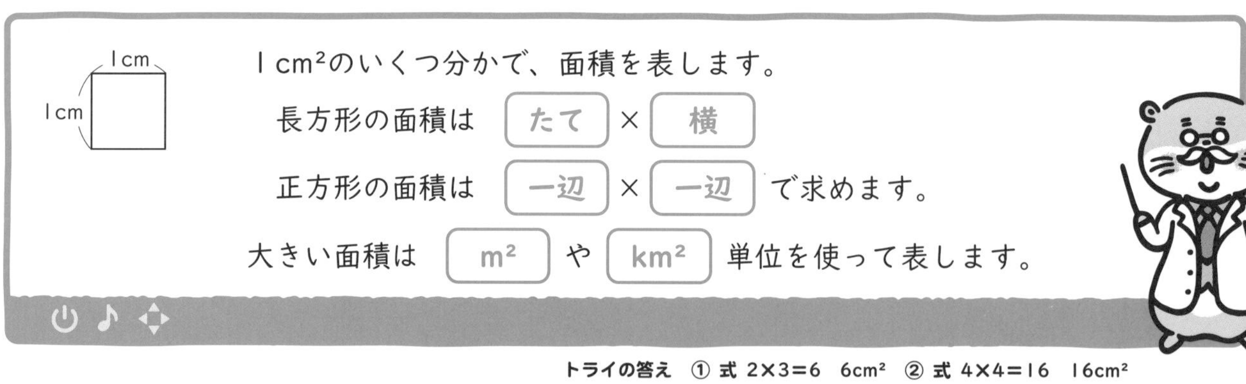

トライの答え ① 式 2×3=6 6cm² ② 式 4×4=16 16cm²

1 次の面積を求めましょう。

①

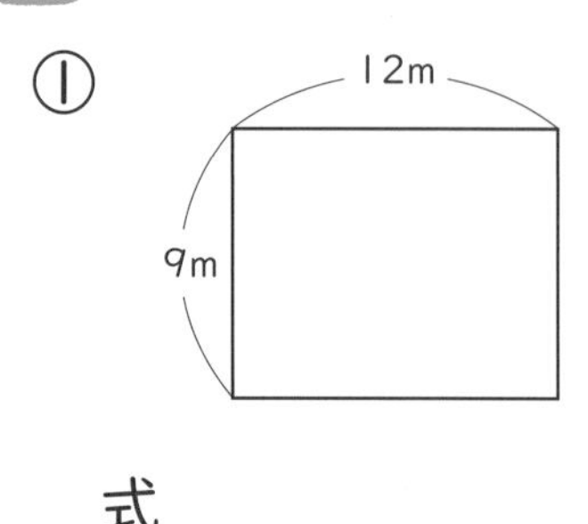

式

答え

②

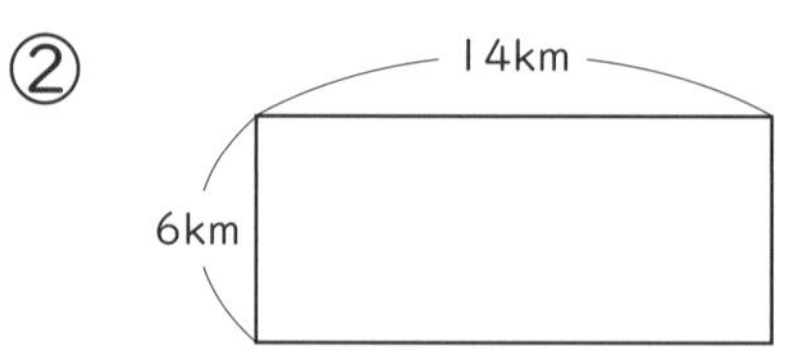

式

答え

2 次の面積を求めましょう。

①

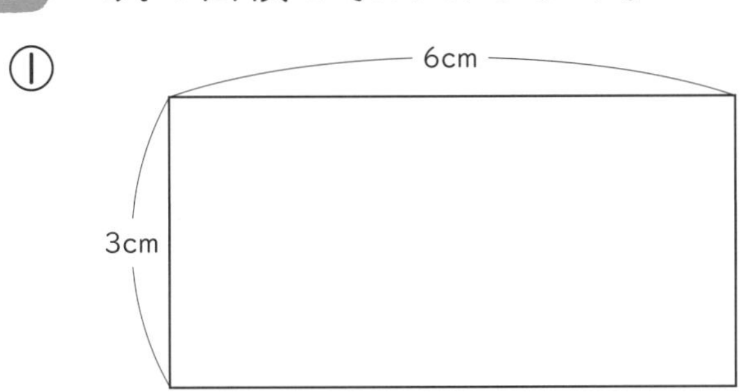

式

答え ＿＿＿＿＿＿

②

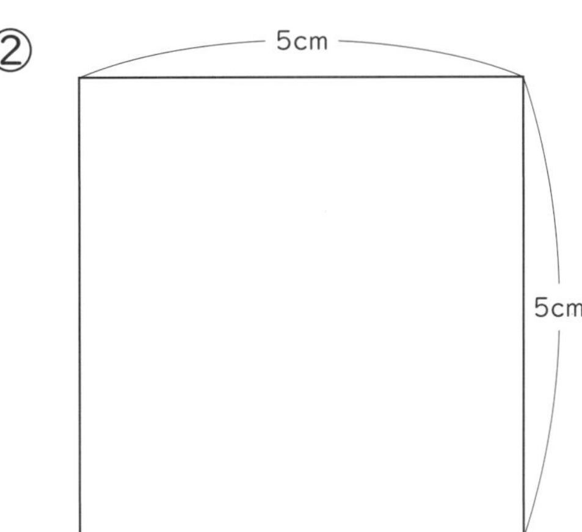

式

答え ＿＿＿＿＿＿

3 次の四角形の□の長さを求めましょう。

①

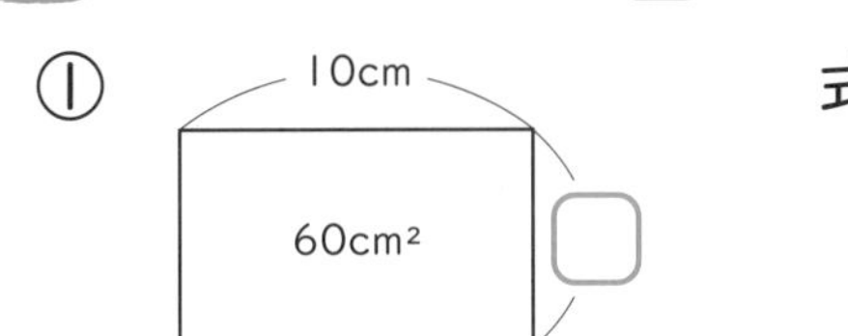

式

答え ＿＿＿＿＿＿

②

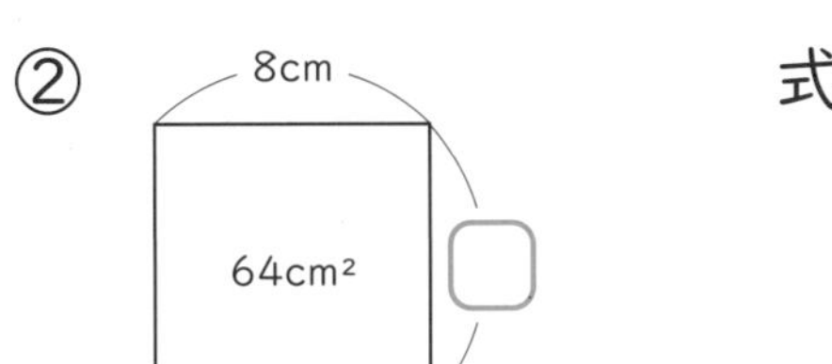

式

答え ＿＿＿＿＿＿

4 次の面積を求めましょう。（四角形が２つあると考えます。）

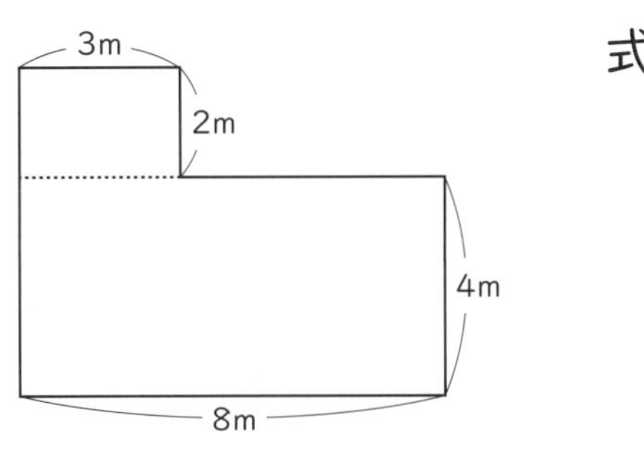

式

答え ＿＿＿＿＿＿

ロボたまにインストール…

長方形の面積は □ × □ で求められるよ。

さんすう

クロスワード

月　　日　　名前

次の「カギ」（ヒント）を手がかりに、クロスワードを完成させましょう。

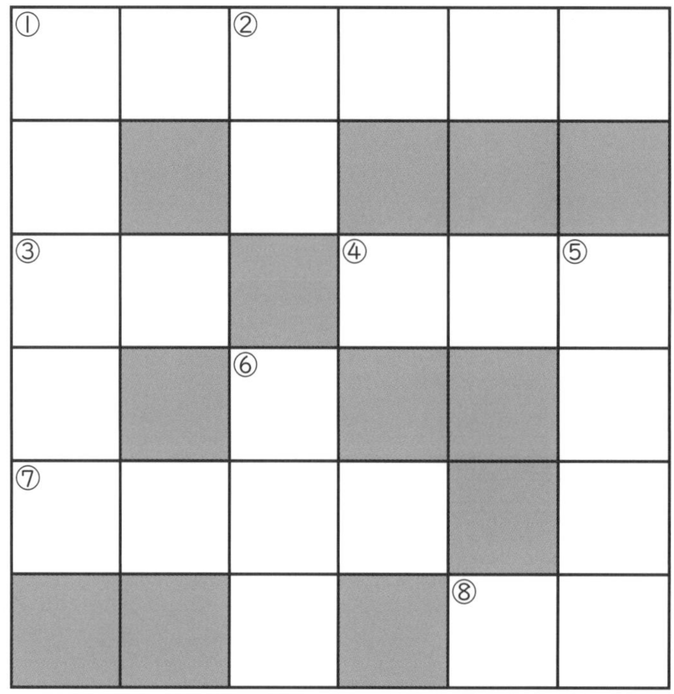

たてのカギ

① 三角形、四角形、五角形のように直線でかこまれた図形のこと

② 水などの量（りょう）のこと（dL、Lなどで表す）

⑤ 正方形の面積 ＝○○○○×○○○○

⑥ わり算の答えのこと

よこのカギ

① 多角形の ―― のこと

③ 答えが45になるかけ算九九

④ 整数123の３は「一の○○○の数」、２は「十の○○○○の数」という

⑦ その数をふくんで、そこから上のこと（以下（いか）の反対）

⑧ 直方体、立方体の平らなところ。それぞれ６つある。

5年生

小数のかけ算①

月　日　名前

トライ 次の計算をしましょう。

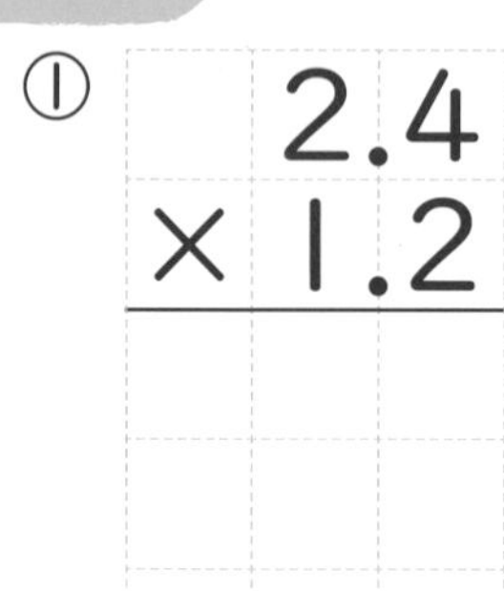

① $\begin{array}{r} 2.4 \\ \times\ 1.2 \\ \hline \end{array}$

② $\begin{array}{r} 2.6 \\ \times\ 6.3 \\ \hline \end{array}$

③ $\begin{array}{r} 3.12 \\ \times\ 2.4 \\ \hline \end{array}$

積の小数点をどこにうったらいいか、よかったかな？

2.4×1.2の筆算を考えましょう。

$\begin{array}{r} 2.4 \\ \times\ 1.2 \\ \hline \end{array}$ ㋐ → $\begin{array}{r} 2.4 \\ \times\ 1.2 \\ \hline 48 \\ 24\ \ \\ \hline 288 \end{array}$ → $\begin{array}{r} 2.4 \\ \times\ 1.2 \\ \hline 48 \\ 24\ \ \\ \hline 2.88 \end{array}$

㋑ 小数点以下が１けたの数が２つなので２けた分と考える。

㋐ 小数点がないものとして計算する。

㋑ 小数点を、右から２けた分のところにうつ。

トライの答え ① 2.88 ② 16.38 ③ 7.488

1 次の計算をしましょう。

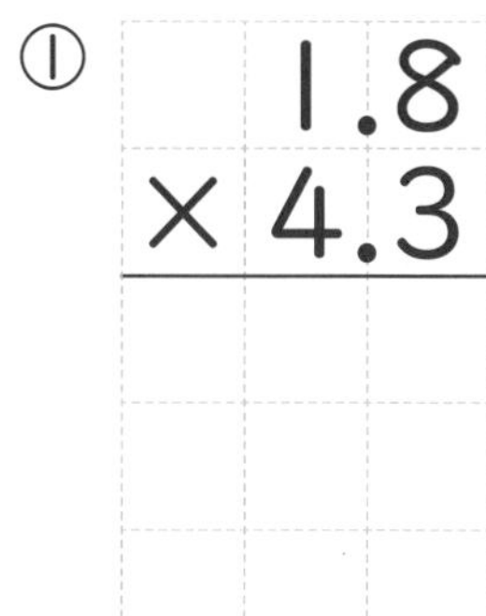

①
$$\begin{array}{r} 1.8 \\ \times\ 4.3 \\ \hline \end{array}$$

②
$$\begin{array}{r} 1.4 \\ \times\ 2.2 \\ \hline \end{array}$$

③
$$\begin{array}{r} 2.5 \\ \times\ 3.1 \\ \hline \end{array}$$

小数点は右からいくつ分のところかな？

2 次の計算をしましょう。

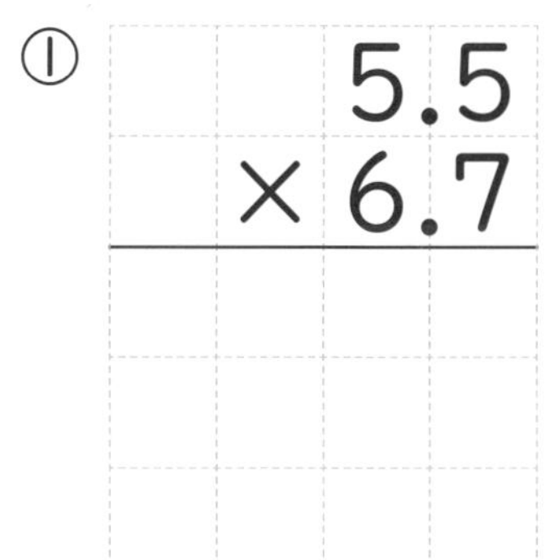

①
$$\begin{array}{r} 5.5 \\ \times\ 6.7 \\ \hline \end{array}$$

②
$$\begin{array}{r} 3.6 \\ \times\ 8.4 \\ \hline \end{array}$$

③
$$\begin{array}{r} 2.43 \\ \times\ 1.5 \\ \hline \end{array}$$

小数点は右から
３つ分のところだね

④
$$\begin{array}{r} 5.69 \\ \times\ 5.8 \\ \hline \end{array}$$

ロボたまにインストール…

2.4×1.2の答えの小数点は、右から（　　）つ目にうつよ。

小数のかけ算②

月　日　名前

トライ 計算をして、答えがかけられる数より小さくなる式に○をつけましょう。

①
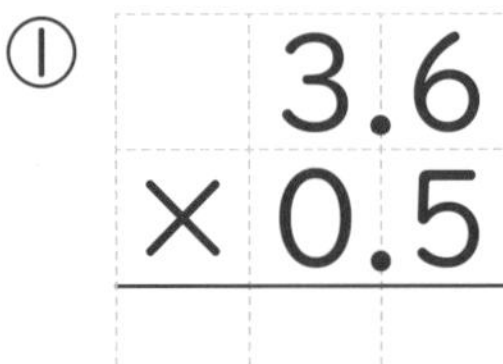

(　　　)

②

(　　　)

③
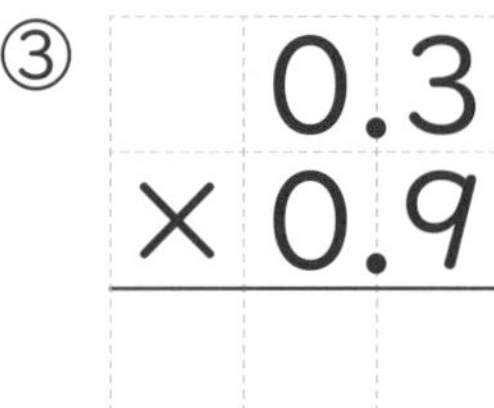

(　　　)

はて？

小数と小数をかけると小数点はどうなるんだったかな？

3.6×0.5の計算を考えましょう。

	3	.6
×	0	.5

→

	3	.6
×	0	.5
1	.8	0

㋐　計算をして、右から２けた分のところに小数点をうちます。

㋑　いちばん下の位の０は消します。

答えは、かけられる数3.6よりも小さくなりました。

0.5や0.9などのように、１より小さい小数を真小数（しんしょうすう）といいます。

真小数をかけると、かけられる数は小さくなります。

①の答え　1.8　　②の答え　5.46　　③の答え　0.27

トライの答え　○がつく式　①と③

1 次の計算をしましょう。

①
$$\begin{array}{r} 0.4 \\ \times\ 0.8 \\ \hline \end{array}$$

②
$$\begin{array}{r} 0.7 \\ \times\ 0.6 \\ \hline \end{array}$$

③
$$\begin{array}{r} 0.5 \\ \times\ 0.3 \\ \hline \end{array}$$

④
$$\begin{array}{r} 4.2 \\ \times\ 0.3 \\ \hline \end{array}$$

⑤
$$\begin{array}{r} 3.4 \\ \times\ 0.7 \\ \hline \end{array}$$

⑥
$$\begin{array}{r} 8.6 \\ \times\ 0.5 \\ \hline \end{array}$$

⑦
$$\begin{array}{r} 0.22 \\ \times\ 0.8 \\ \hline \end{array}$$

⑧
$$\begin{array}{r} 0.35 \\ \times\ 0.3 \\ \hline \end{array}$$

⑨
$$\begin{array}{r} 0.78 \\ \times\ 0.6 \\ \hline \end{array}$$

2 次の計算をして、答えがかけられる数より小さくなる式に○をつけましょう。

① 1.5×0.8 （　　　）

② 3.5×1.3 （　　　）

③ 0.9×4.9 （　　　）

3 たてが2.6m、横が0.9mの花だんの面積を求めましょう。

式

答え ＿＿＿＿＿＿＿＿

ロボたまにインストール…

真小数をかけると答えはもとの数よりも（　　　）なるよ。

3 小数のわり算①

月　　日　　名前

トライ　次の計算をしましょう。

①
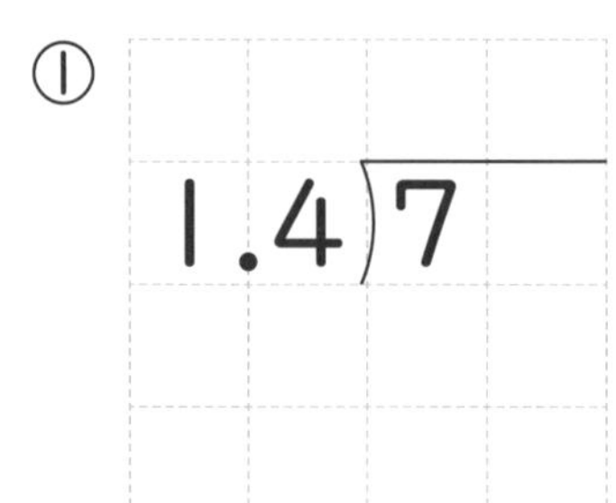

②
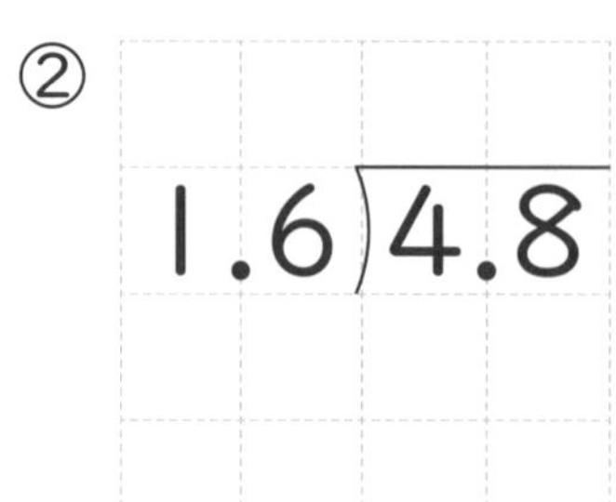

③
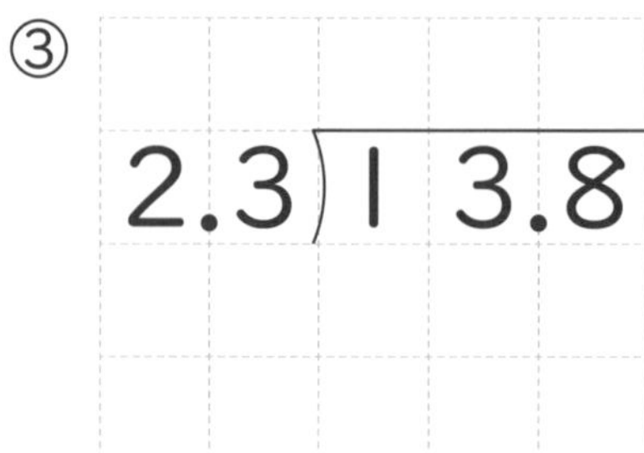

小数点の移動をどうするか、わからないよー

7÷1.4の筆算を考えましょう。

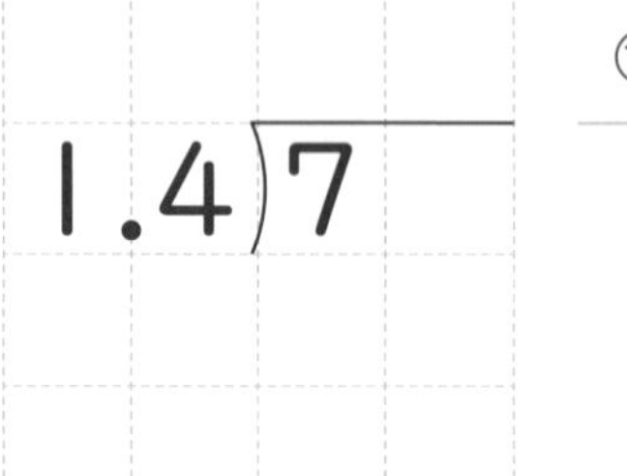

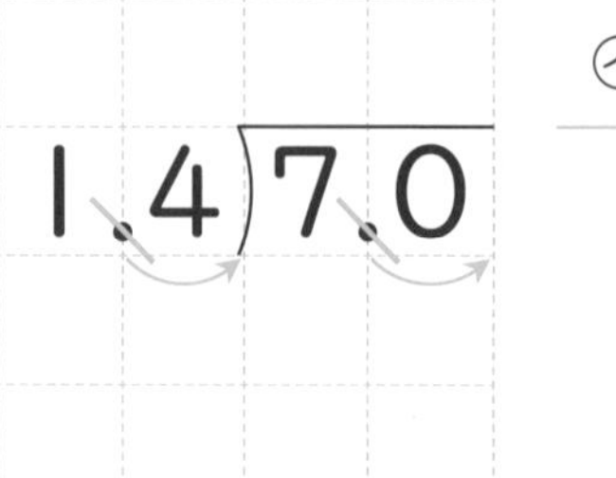

㋑

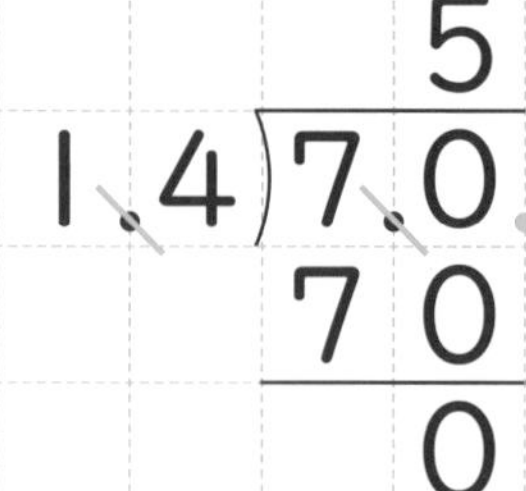

㋐　わる数とわられる数を10倍し、小数点を1けた分、右に移動する。

㋑　整数と同じように計算する。小数点以下はないので、商は5。

トライの答え　①5　②3　③6

1　次の計算をしましょう。

①

②
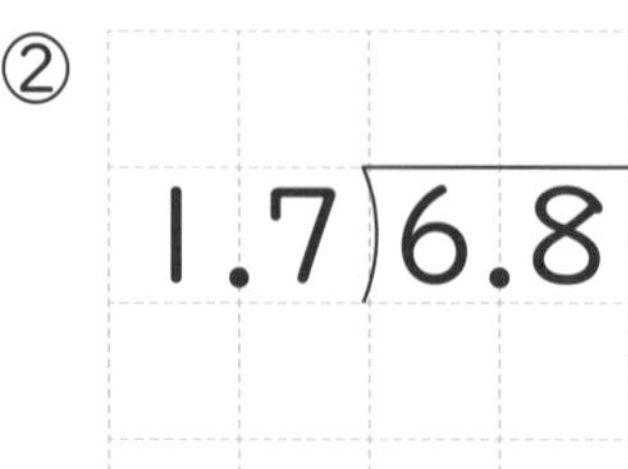

③
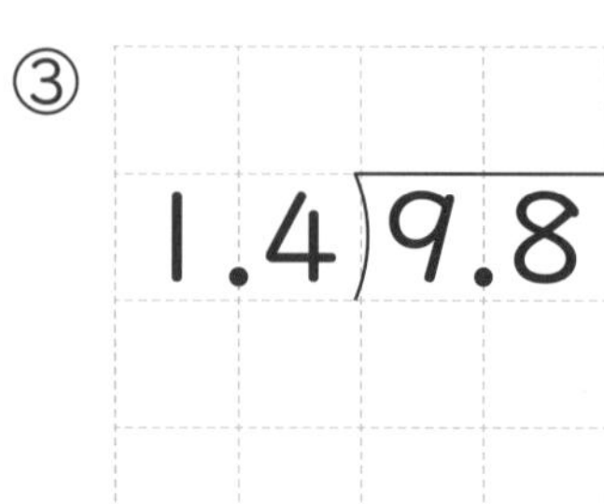

2 次の計算をしましょう。

① 4.8)33.6

② 7.3)43.8

③ 3.6)14.4

3 次の計算をしましょう。

① 2.6)5.98

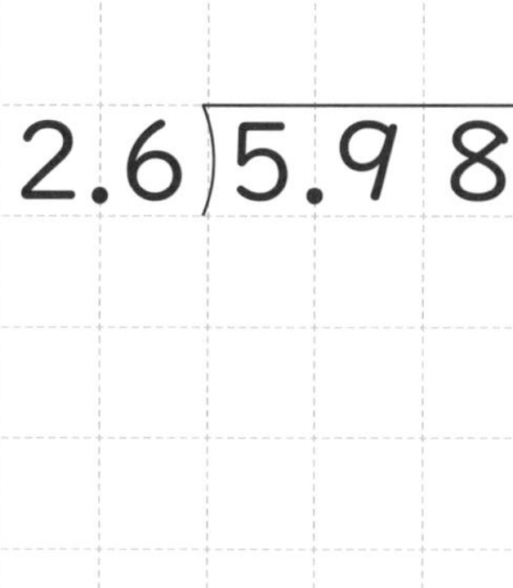

② 3.9)8.19

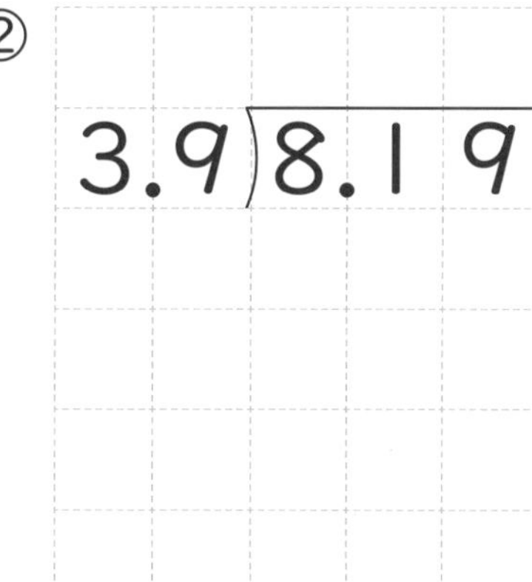

③ 4.8)9.12

④ 5.9)7.08

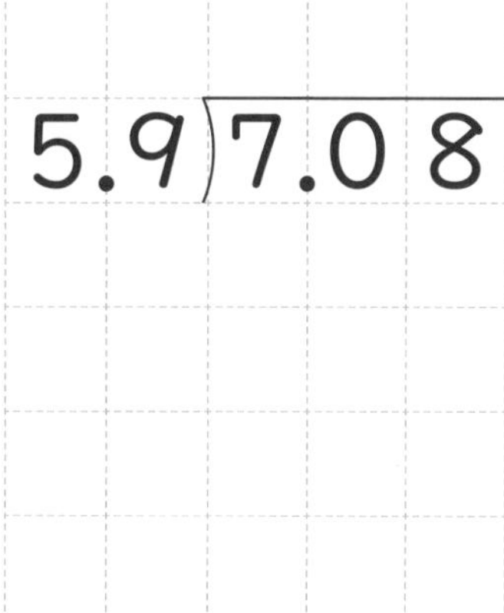

ロボたまにインストール…

わる数とわられる数を10倍すると、小数点は（　　　）右に移動するよ。

小数のわり算②

月　日　名前

トライ　次の問いに答えましょう。

① 面積が2.4m²の長方形があります。たての長さが1.5mとすると、横の長さは何mになりますか。

式

答え

② 7.35Lのジュースがあります。1人1.8Lずつに分けると、何人に分けられて、何Lあまりますか。

式

答え　人に分けられて　あまる

わり進む問題とあまりの出る問題があるね

① わり進む計算

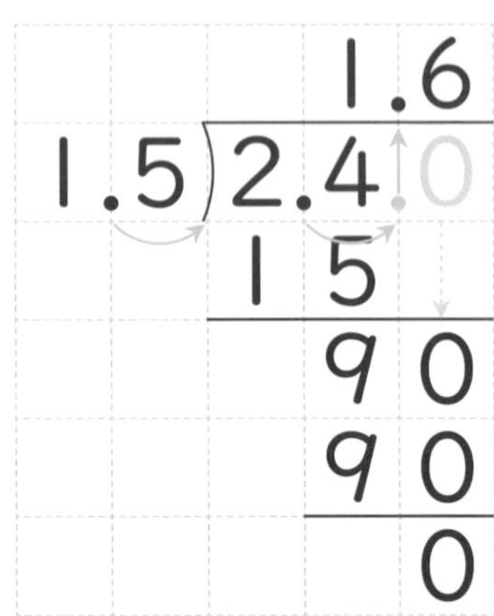

② あまりを出す計算

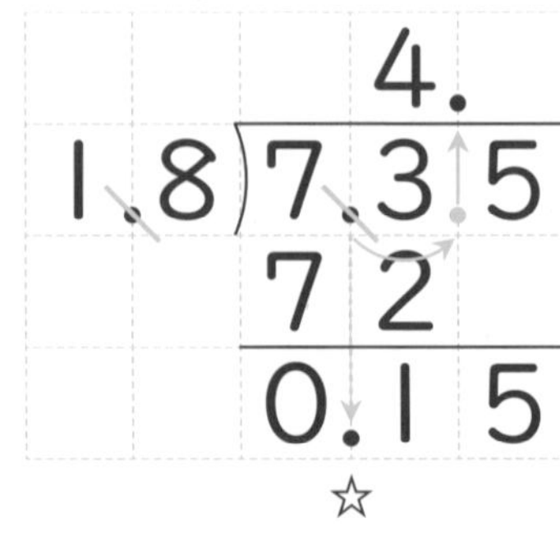

☆ あまりの小数点はもとの位置から下ろします。

トライの答え　① 式 2.4÷1.5=1.6　1.6m　② 式 7.35÷1.8=4あまり0.15　4人に分けられて0.15Lあまる

1 次の筆算をわりきれるまで計算しましょう。

①
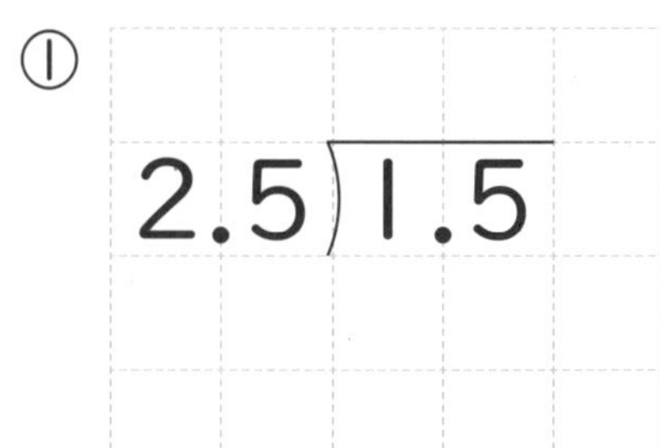

②
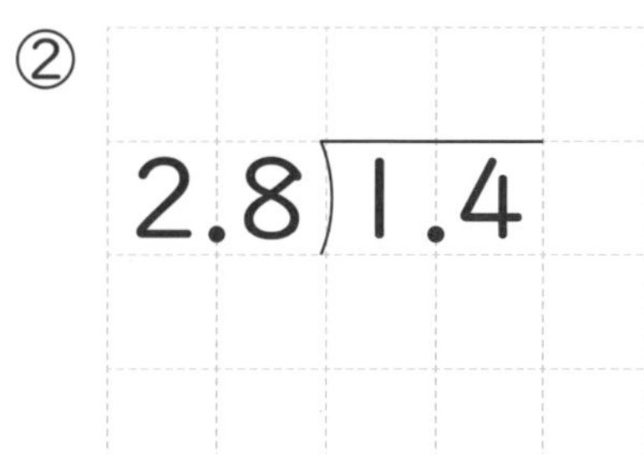

③
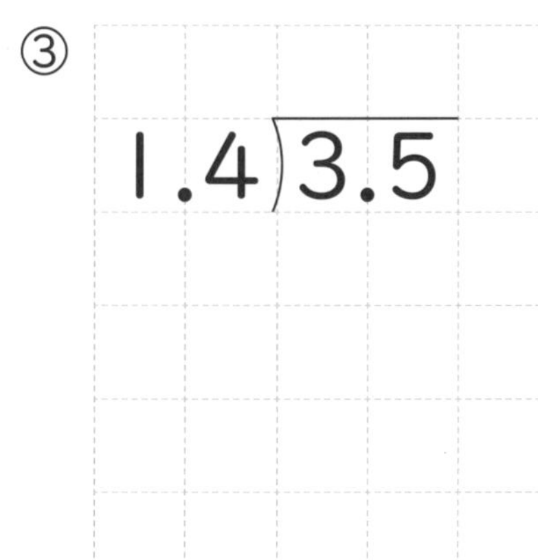

④

2 商は一の位まで求めて、あまりも求めましょう。

①
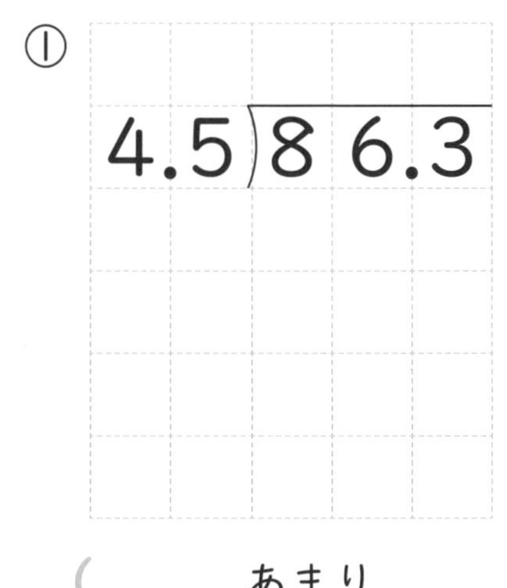

（　　　あまり　　　）

②

（　　　あまり　　　）

ロボたまにインストール…

あまりを出すときは（　　　　　　　）から小数点をおろすよ。

5 整数の性質① 倍数・最小公倍数

月 日 名前

トライ 次の問いに答えましょう。

① 次の数の倍数を、小さい方から順に４つかきましょう。

３（　　　　　　　　）　　４（　　　　　　　　）

② ３と４の最小公倍数を求めましょう。　（　　　　　　）

最小公倍数の見つけかたがわからないよー

３と４の倍数について考えましょう。

３の倍数（３，６，９，12，15，18，21，24，27 …）
４の倍数（４，８，12，16，20，24，28 …）

３の倍数、４の倍数両方にある数は 12，24 …
３の倍数にも、４の倍数にもなっている数を、３と４の公倍数といいます。
その中で、いちばん小さい数が３と４の最小公倍数です。

最小公倍数の見つけ方を考えましょう。

さかさわり算だよ

６と９の最小公倍数

㋐
㋑ 3) 6　9
㋒　　2　3
㋓（18）

㋐ わり算の筆算の記号をさかさにかく。
㋑ ６と９のどちらもわり切れる数を見つける。3
㋒ ６÷３　９÷３の答えを下にかく。
㋓ ㋑と㋒でかいた数をかける。
３×２×３の積　18が最小公倍数

トライの答え ① 3 (3, 6, 9, 12)、4 (4, 8, 12, 16) ② 12

1 次の数の倍数を、小さい方から順に３つかきましょう。

① 5 (　　　　　　　　)　② 8 (　　　　　　　　)

③ 11 (　　　　　　　　)　④ 24 (　　　　　　　　)

2 次の数の倍数を小さい方から順に４つかき、最小公倍数を求めましょう。

9の倍数 ______________________

12の倍数 ______________________

9と12の最小公倍数 → (　　　　　　)

3 次の２つの数の最小公倍数を求めましょう。

① 2，9 → (　　　　)　② 7，5 → (　　　　)

③ 4，7 → (　　　　)　④ 3，8 → (　　　　)

⑤ 3，5 → (　　　　)　⑥ 2，10 → (　　　　)

⑦ 21，7 → (　　　　)　⑧ 15，5 → (　　　　)

ロボたまにインストール…

3と9の最小公倍数は、さかさわり算をして

□×□×□の計算で求めよう。

3)3，9
　1，3

整数の性質②　約数・最大公約数

月　　日　　名前

トライ 次の問いに答えましょう。

① 次の数の約数を○で囲(かこ)みましょう。

4の約数 （ 1, 2, 3, 4 ）

8の約数 （ 1, 2, 3, 4, 5, 6, 7, 8 ）

② 8と4の最大公約数を求めましょう。 （　　　　　）

最大公約数の見つけかたがわからないよー

8の約数を考えましょう。

8をわり切ることのできる整数を、8の約数といいます。

(1), (2), 3, (4), 5, 6, 7, (8)

約数は、2つずつのペアでさがしましょう。

最大公約数の見つけ方を考えましょう。

```
㋐ 2 ) 8 , 4
㋑ 2 ) 4 , 2
       2 , 1
```

㋐ 8と4を2でわる。4と2をかく。

㋑ 4と2を2でわる。2と1をかく。

わり切れるのは1だけなので、おしまい。

㋒ ㋐㋑でわった数どうしをかける。

[2]×[2]の積　　4が最大公約数

トライの答え ① 4 (1, 2, 4)、8 (1, 2, 4, 8) ② 4

1 次の数の約数をすべて書きましょう。

① ６の約数　（　　　　　　　　）

② 16の約数　（　　　　　　　　）

2 次の数の約数をかき、公約数を求めましょう。

9の約数

12の約数

9と12の公約数 → （　　　　　　）

3 次の数の最大公約数を計算で求めましょう。

① 30, 10　（　　　）

② 18, 12　（　　　）

③ 14, 49　（　　　）

ロボたまにインストール…

18と27の最大公約数は、さかさわり算をして
□×□の計算で求めよう。

```
3)18 , 27
3) 6 ,  9
   2 ,  3
```

7 分数

月　　日　　名前

トライ　次の問いに答えましょう。

① 次の分数を約分しましょう。

㋐ $\frac{9}{12} =$　　㋑ $\frac{10}{15} =$　　㋒ $\frac{7}{35} =$

② 次の分数を通分しましょう。

㋐ $\frac{1}{2}, \frac{1}{3} \rightarrow$　　㋑ $\frac{1}{3}, \frac{1}{4} \rightarrow$

約分と通分はどうするんだったかな？
分数の分母をそろえるのは、通分？　約分？

約分とは……分母と分子を公約数でわり、できるだけ小さい分数にすること。

$$\frac{9}{12} \overset{\div 3}{\underset{\div 3}{=}} \frac{3}{4}$$

通分とは……分数の分母をそろえること。

（２つの数の最小公倍数が分母になります。）

$$\frac{1}{2} \quad \frac{1}{3} \rightarrow \frac{3}{6} \quad \frac{2}{6}$$

（㋑ 1×3、㋐ 2×3；㋒ 1×2、㋐ 3×2）

㋐　２と３の最小公倍数の６が共通の分母。

㋑　分母に３をかけたので、分子にも 3 をかけて３。

㋒　分母に２をかけたので、分子にも 2 をかけて２。

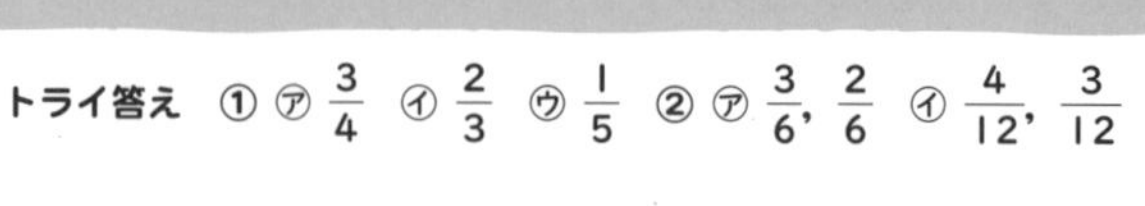
トライ答え　①㋐ $\frac{3}{4}$　㋑ $\frac{2}{3}$　㋒ $\frac{1}{5}$　②㋐ $\frac{3}{6}, \frac{2}{6}$　㋑ $\frac{4}{12}, \frac{3}{12}$

1 次の分数を約分しましょう。

① $\frac{2}{8}=$　② $\frac{14}{21}=$　③ $\frac{16}{32}=$

④ $\frac{4}{12}=$　⑤ $\frac{4}{16}=$　⑥ $\frac{42}{49}=$

2 次の分数を通分しましょう。

① $\frac{2}{3}, \frac{4}{9} \rightarrow$　② $\frac{1}{6}, \frac{1}{5} \rightarrow$

③ $\frac{1}{9}, \frac{1}{5} \rightarrow$　④ $\frac{4}{5}, \frac{2}{3} \rightarrow$

⑤ $\frac{4}{5}, \frac{7}{30} \rightarrow$　⑥ $\frac{5}{9}, \frac{2}{5} \rightarrow$

3 次の分数を通分して、大きい方の分数を○で囲(かこ)みましょう。

① $\frac{5}{6}, \frac{5}{8} \rightarrow$　② $\frac{1}{7}, \frac{3}{14} \rightarrow$

③ $\frac{9}{14}, \frac{5}{6} \rightarrow$　④ $\frac{5}{8}, \frac{7}{12} \rightarrow$

ロボたまにインストール…

$\frac{1}{4}$ と $\frac{1}{8}$ を通分すると、分母は□になるよ。

分数のたし算①

月　日　名前

トライ 次の計算をしましょう。

① $\frac{5}{8}+\frac{1}{6}=$

② $\frac{1}{5}+\frac{4}{15}=$

③ $\frac{1}{5}+\frac{3}{10}=$

分母と分子に同じ数をかけるんだったね！

分数のたし算のしかた

① $\frac{5}{8}+\frac{1}{6}$ 　（2) 8 6 → 4 3）　2×4×3で分母は24

$=\frac{5\times3}{24}+\frac{1\times4}{24}=\frac{15}{24}+\frac{4}{24}=\frac{19}{24}$

③ $\frac{1}{5}+\frac{3}{10}=\frac{1\times2}{5\times2}+\frac{3}{10}=\frac{5}{10}=\frac{1}{2}$

出た答えが
約分できるときは
約分します。

トライの答え　① $\frac{19}{24}$　② $\frac{7}{15}$　③ $\frac{5}{10}=\frac{1}{2}$

1 次の計算をしましょう。

① $\frac{1}{7}+\frac{3}{4}=$

② $\frac{1}{2}+\frac{2}{5}=$

③ $\frac{1}{4}+\frac{3}{8}=$

④ $\frac{8}{21}+\frac{3}{7}=$

2 次の計算をしましょう。（答えは約分します。）

① $\frac{2}{3}+\frac{2}{15}=$

② $\frac{1}{6}+\frac{7}{18}=$

③ $\frac{7}{10}+\frac{2}{15}=$

④ $\frac{5}{6}+\frac{3}{10}=$

ロボたまにインストール…

通分して計算し、出た答えが（　　　　　）できる
ときは（　　　　　）するよ。

分数のたし算②

月　日　名前

トライ　次の計算をしましょう。

① $\frac{7}{8}+\frac{5}{4}=$

② $1\frac{1}{5}+2\frac{2}{7}=$

帯分数のたし算も同じようにするのかな？

仮分数や帯分数の計算を考えましょう。

$\frac{7}{8}+\frac{5}{4}=\frac{7}{8}+\frac{10}{8}=\frac{17}{8}=\boxed{2}\frac{1}{8}$

4)8　4
　 2　1

4×2×1で分母は8

答えが仮分数のときは、帯分数に直すこともできます。

$1\frac{1}{5}+2\frac{2}{7}=1\frac{7}{35}+2\frac{10}{35}=\boxed{3}\frac{\boxed{17}}{35}$

整数どうし、分数どうしをたし算します。

トライの答え　① $2\frac{1}{8}$　② $3\frac{17}{35}$

1 次の計算をしましょう。（答えは帯分数にします。）

① $\frac{7}{8}+\frac{1}{6}=$

② $\frac{4}{3}+\frac{7}{9}=$

③ $\frac{5}{6}+\frac{11}{8}=$

④ $\frac{5}{14}+\frac{9}{7}=$

2 次の計算をしましょう。（答えは帯分数にします。）

① $2\frac{1}{9}+1\frac{2}{3}=$

② $1\frac{1}{2}+1\frac{4}{7}=$

③ $3\frac{5}{6}+2\frac{1}{4}=$

④ $2\frac{1}{2}+1\frac{7}{8}=$

ロボたまにインストール…

通分して計算し、出た答えが仮分数のときは、（　　　　　　）に直すこともできるよ。

分数のひき算①

月　日　名前

トライ　次の計算をしましょう。

① $\frac{1}{4} - \frac{1}{6} =$

② $\frac{1}{2} - \frac{1}{4} =$

③ $\frac{3}{5} - \frac{1}{3} =$

分母がちがう分数の計算はどうするんだったかな？

分数のひき算 $\frac{1}{4} - \frac{1}{6}$ について考えましょう。

①　たすきがけ

$$\frac{1}{4} - \frac{1}{6} = \frac{3}{12} - \frac{2}{12} = \frac{\boxed{1}}{\boxed{12}}$$

2）4　6
　　2　3

2×2×3で分母は12

まちがいやすい例：$\frac{2}{5} - \frac{1}{3} = \frac{1}{2}$（そのままひき算してしまう）

トライの答え　① $\frac{1}{12}$　② $\frac{1}{4}$　③ $\frac{4}{15}$

1 次の計算をしましょう。

① $\frac{2}{5} - \frac{1}{7} =$

② $\frac{8}{9} - \frac{2}{3} =$

③ $\frac{5}{6} - \frac{1}{4} =$

④ $\frac{7}{8} - \frac{1}{6} =$

2 次の計算をしましょう。（答えは約分します。）

① $\frac{1}{2} - \frac{1}{6} =$

② $\frac{5}{6} - \frac{7}{12} =$

③ $\frac{7}{15} - \frac{3}{10} =$

④ $\frac{5}{14} - \frac{1}{6} =$

ロボたまにインストール…

分数のひき算は（　　　　）をそろえて計算しよう。

分数のひき算②

月　日　名前

トライ　次の計算をしましょう。

① $4\frac{1}{8} - 2\frac{1}{6} =$

② $1\frac{5}{6} - \frac{1}{4} =$

③ $\frac{5}{3} - \frac{2}{7} =$

帯分数では、整数と分数をそれぞれ計算するんだったね！

$4\frac{1}{8} - 2\frac{1}{6}$ の計算を考えましょう。

① $4\frac{1}{8} - 2\frac{1}{6} = 4\frac{3}{24} - 2\frac{4}{24}$

$\frac{3}{24} - \frac{4}{24}$ がひけないぞ。

$= 3\frac{24+3}{24} - 2\frac{4}{24}$

整数の4のうち
1だけ分数にする。

$4 = 3 + 1 = 3 + \frac{24}{24}$

変身 → $3\frac{24}{24}$

$= 3\frac{27}{24} - 2\frac{4}{24}$

$= 1\frac{23}{24}$

トライの答え　① $1\frac{23}{24}$　② $1\frac{7}{12}$　③ $\frac{29}{21}\left(1\frac{8}{21}\right)$

1 次の計算をしましょう。

① $\frac{5}{4}-\frac{5}{7}=$

② $1\frac{2}{9}-\frac{1}{3}=$

③ $1\frac{1}{6}-\frac{3}{5}=$

2 次の計算をしましょう。答えは帯分数で表します。

① $3\frac{1}{2}-1\frac{1}{3}=$

② $2\frac{1}{7}-1\frac{3}{14}=$

③ $2\frac{5}{8}-1\frac{3}{14}=$

④ $5\frac{1}{6}-3\frac{9}{10}=$

ロボたまにインストール…

帯分数で分数部分がひけないときは、整数のうちの（　　　）だけ分数になおして計算するよ。

図形の合同

月　　日　　名前

トライ ㋐と合同な図形はどれでしょう。（　）に記号でかきましょう。

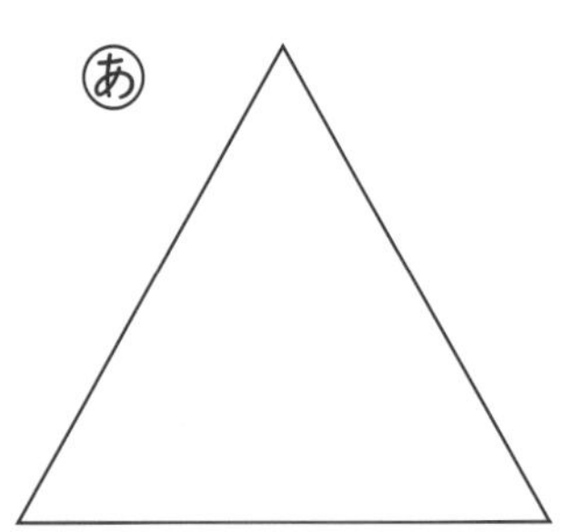

（　　　　）

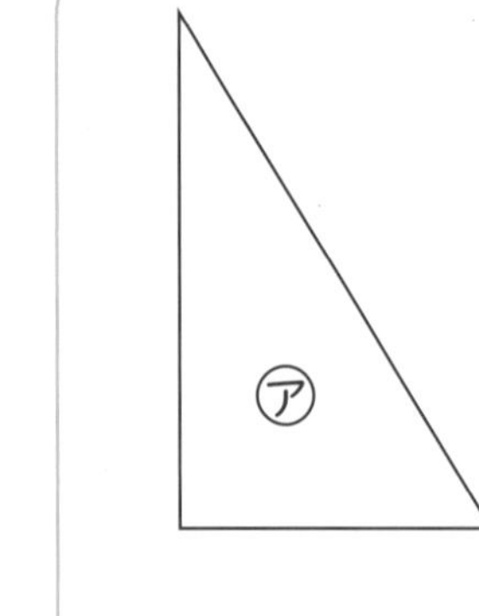

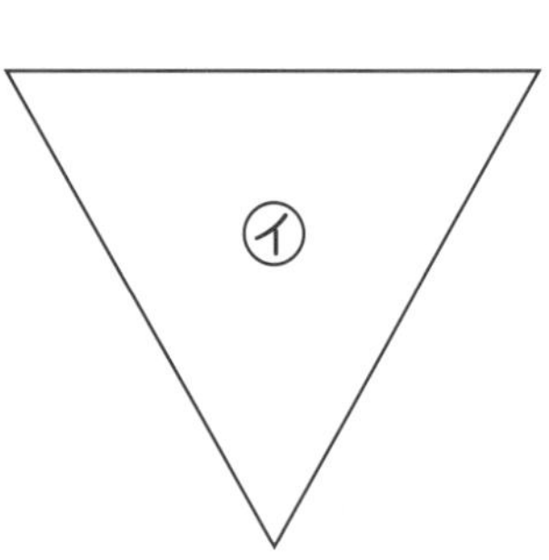

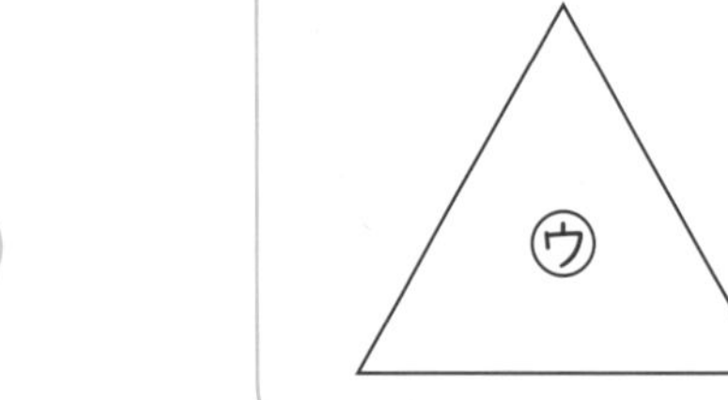

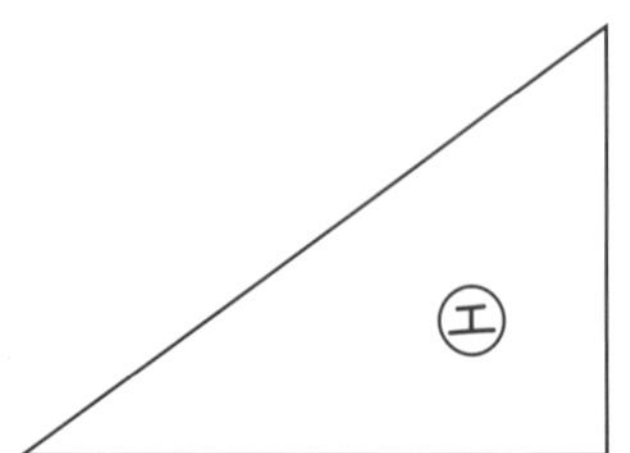

合同ってどんな意味かな？

同じ種類のトランプのように、形や大きさが同じでぴったり重ね合わせることができる図形は、合同であるといいます。

㋐と合同な図形（　㋑　）

合同な図形を重ねたとき、重なり合う頂点(ちょうてん)や辺や角を対応(たいおう)する頂点、対応する辺、対応する角といいます。

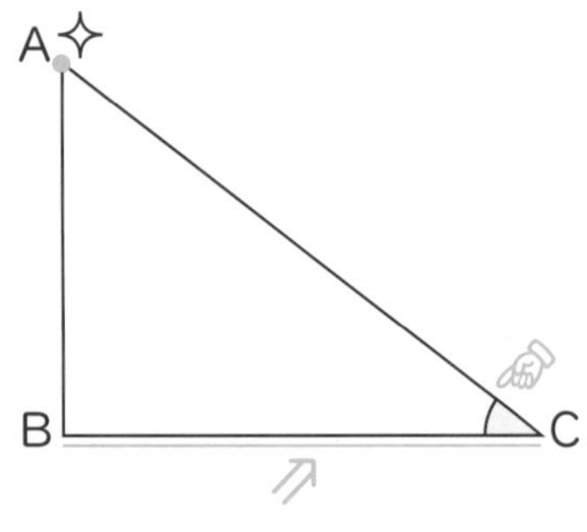

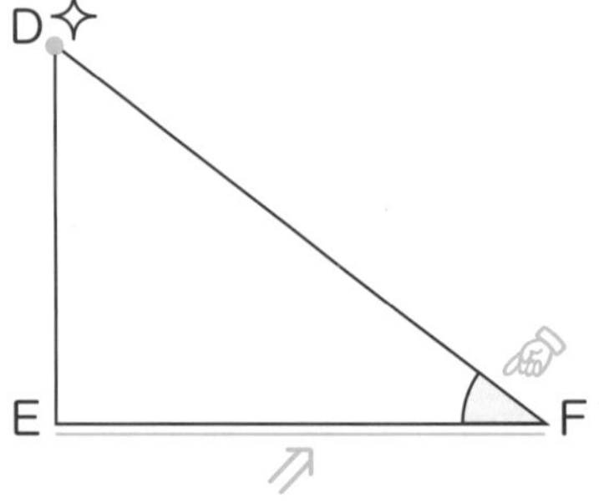

トライの答え　㋑

1 次の図形から、合同な図形の組をさがし（　）に記号でかきましょう。

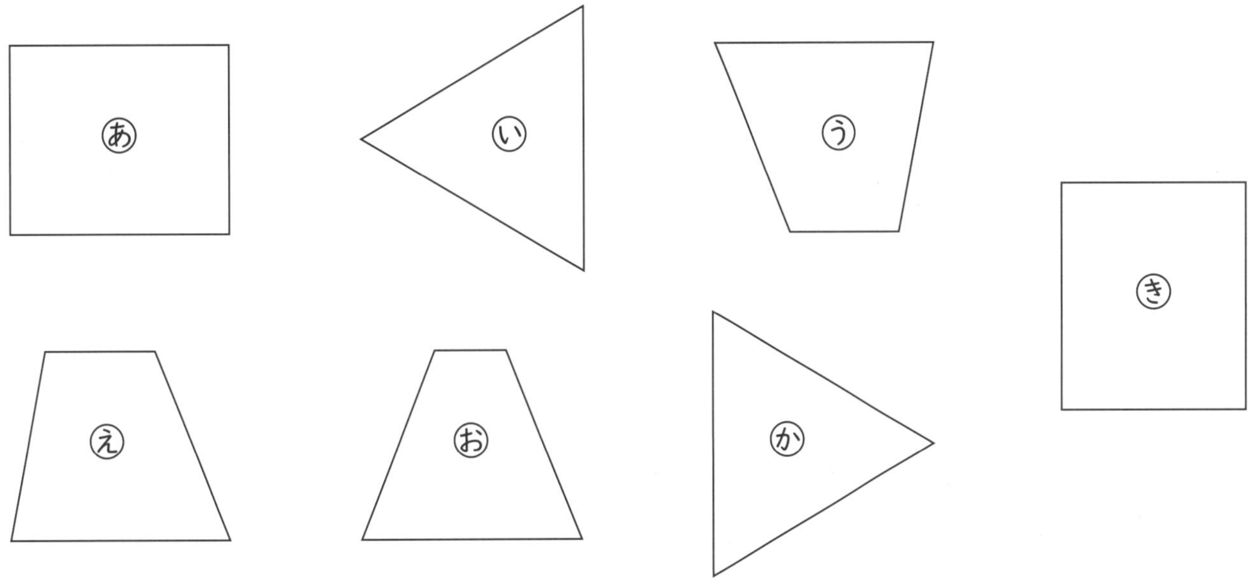

ア　イ　ウ　キ

エ　オ　カ

（　，　）（　，　）（　，　）

2 ２つの三角形は合同です。後の問いに答えましょう。

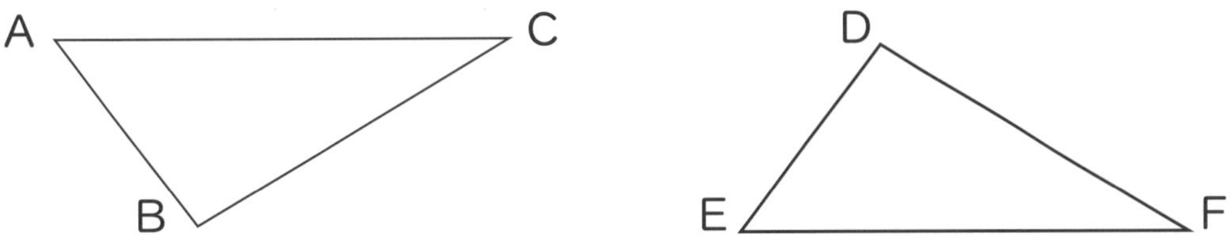

A　C　B

D　E　F

① 重なり合う頂点（ちょうてん）をかきましょう。

（頂点 A と　）（頂点 B と　）（頂点 C と　）

② 重なり合う辺の組をかきましょう。

（辺 AB と　）（辺 BC と　）（辺 CA と　）

③ 重なり合う角の組をかきましょう。

（角 A と　）（角 B と　）（角 C と　）

ロボたまにインストール…

合同な図形では、対応する辺の長さは（　）、対応する角の大きさも（　）なっているよ。

図形の性質

月　日　名前

トライ 次の図形の角の大きさを求めましょう。

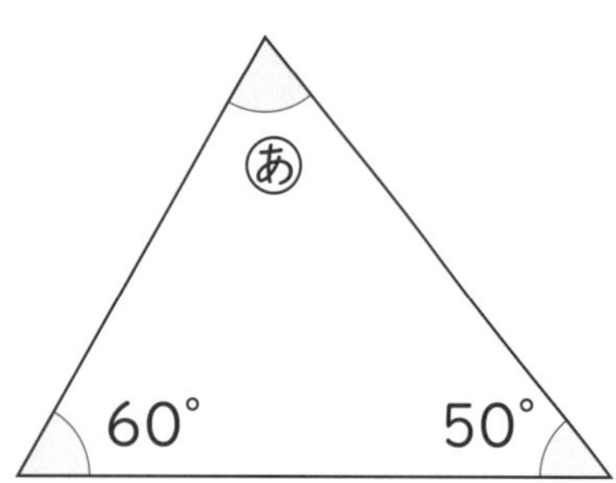

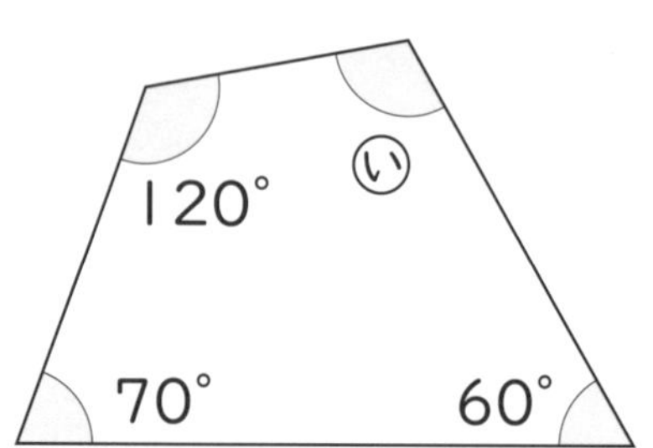

あ（　　　　）　　い（　　　　）

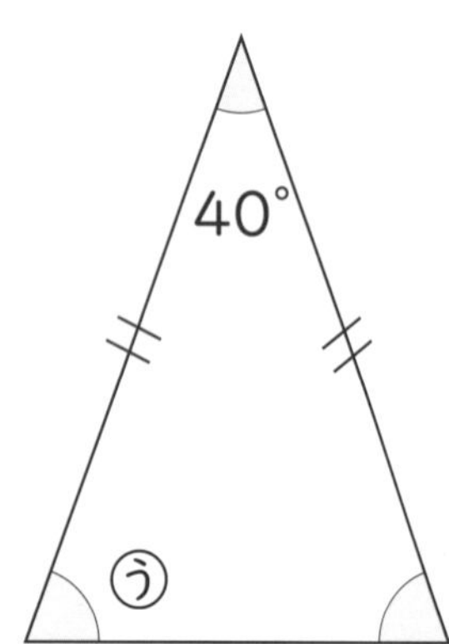

二等辺三角形

う（　　　　）

うは、むずかしいなー

三角形の３つの角の大きさの和は、180°です。四角形の４つの角の和は、360°です。

うを考えてみましょう。

180°から40°をひくと140°

うはその半分なので　140÷２で（　70°　）です。

トライの答え　あ 70°　い 110°　う 70°

1 ２つの三角定規(さんかくじょうぎ)があります。それぞれ角の大きさを求めましょう。

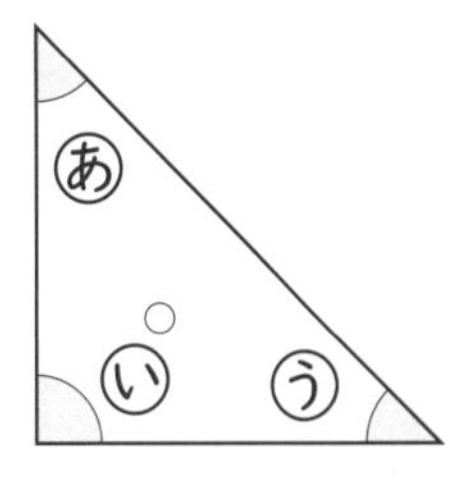

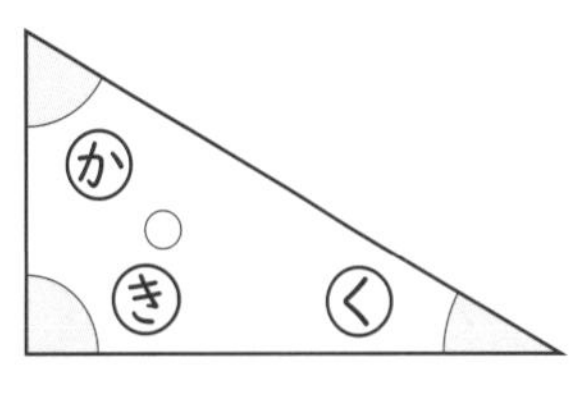

あ（　　　　）
い（　　　　）
う（　　　　）

か（　　　　）
き（　　　　）
く（　　　　）

2 次の三角形の角の大きさを求めましょう。

① 正三角形

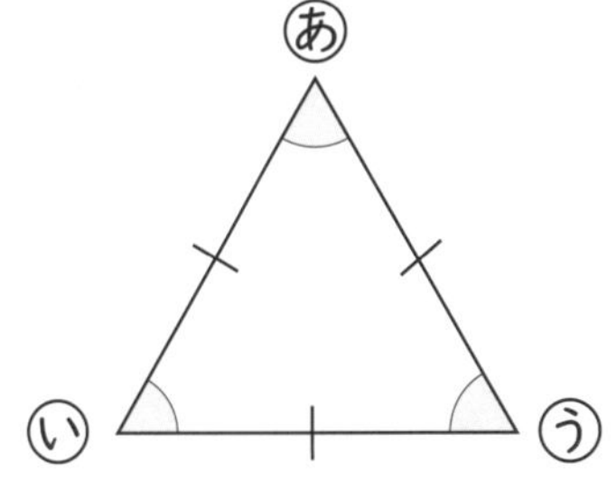

角あ，角い，角うは（　　　　）

② 直角三角形

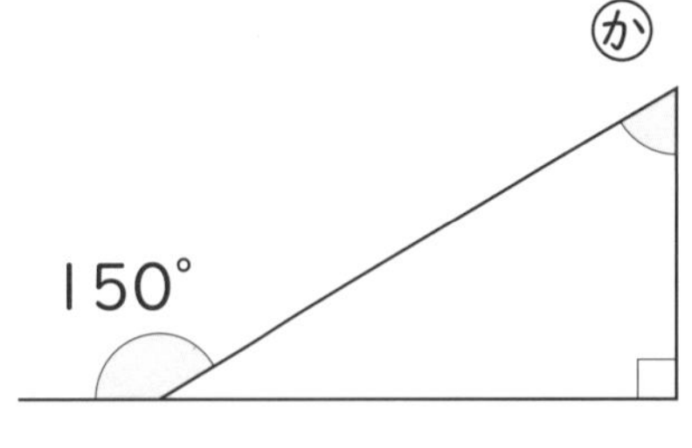

角か（　　　　）

3 次の四角形の角の大きさは何度ですか。

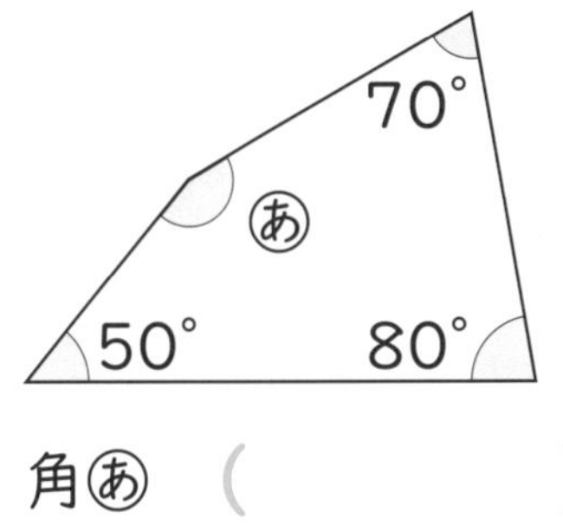

角あ（　　　　）

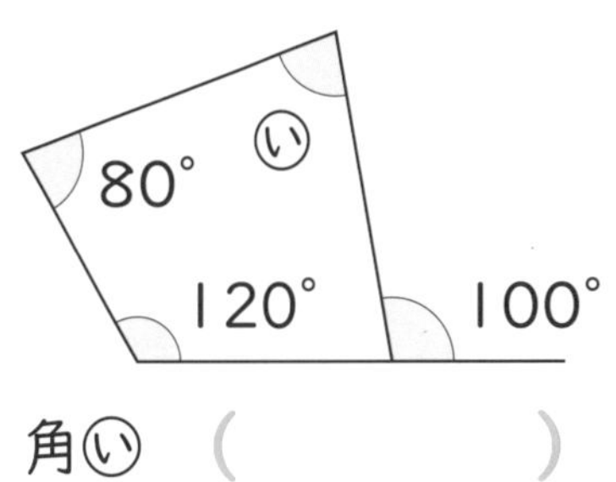

角い（　　　　）

ロボたまにインストール…

四角形の４つの角の大きさの和は（　　　　）だよ。

図形の面積①

月　日　名前

トライ　次の図形の面積を求めましょう。答えは整数か小数でかきましょう。

①
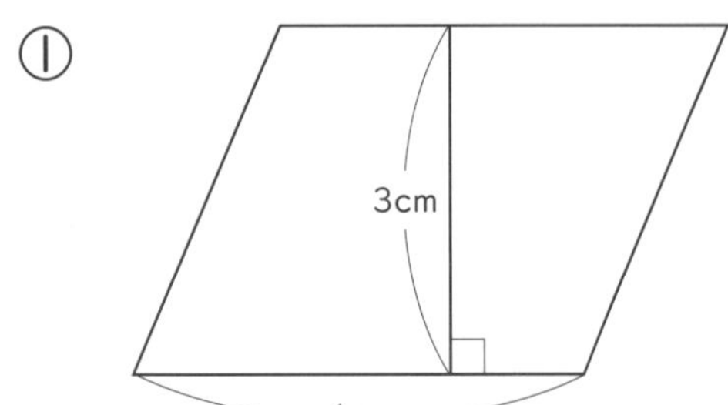

式

答え

②
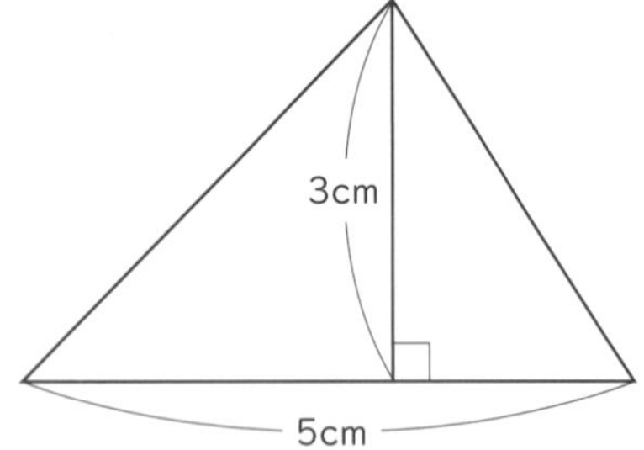

式

答え

平行四辺形の面積はどうやって求めるんだったかな？

平行四辺形の面積

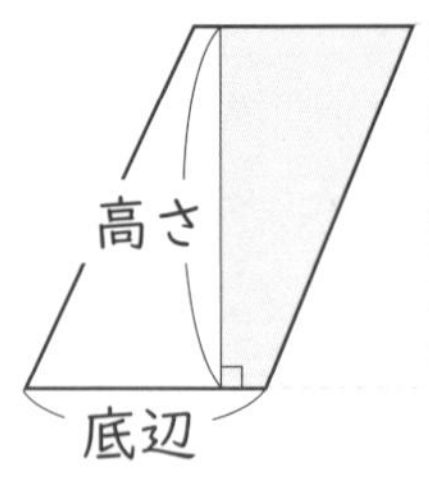

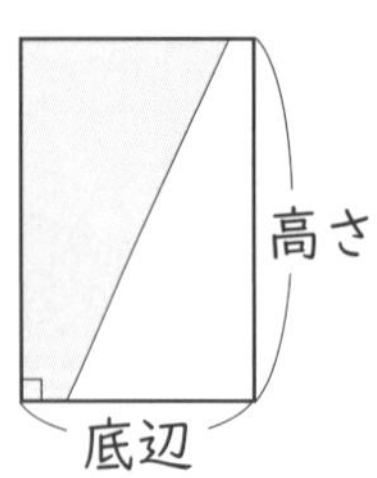

平行四辺形は、底辺を横の長さと考えることで、長方形と同じように求められます。

平行四辺形の面積 ＝ 底辺 × 高さ

三角形の面積

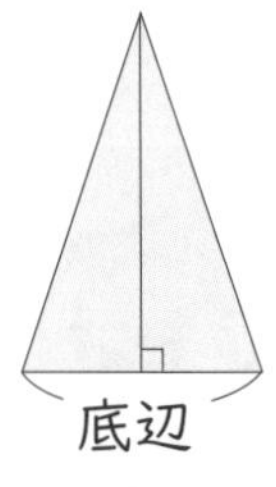

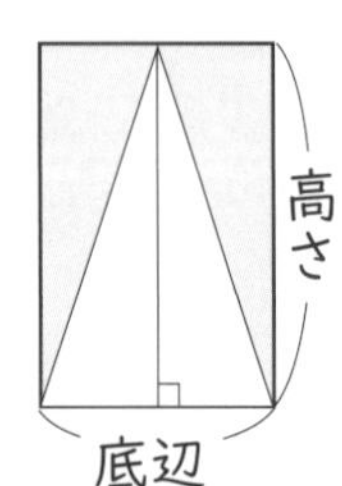

三角形の面積は、四角形の面積の半分になります。

三角形の面積 ＝ 底辺 × 高さ ÷ 2

トライの答え　①　12cm²　②　7.5cm²

1 次の平行四辺形の面積を求めましょう。

①

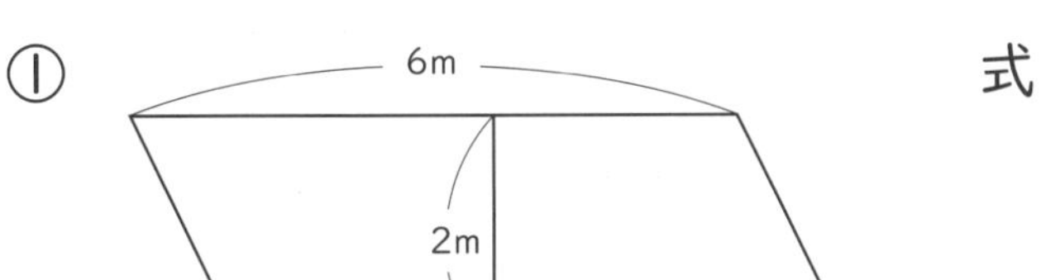

式

答え ＿＿＿＿＿＿＿＿

②

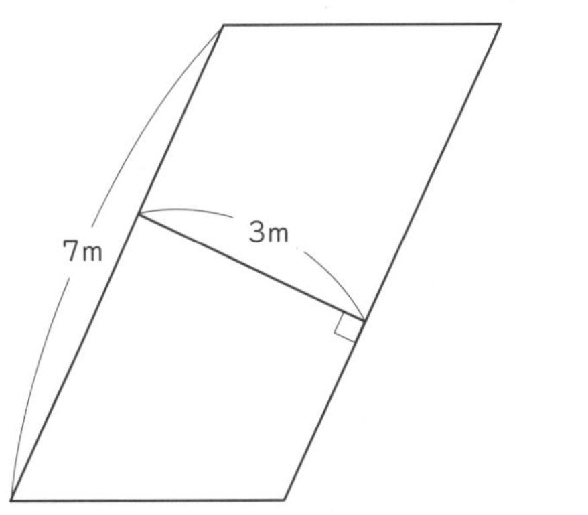

式

答え ＿＿＿＿＿＿＿＿

2 次の三角形の面積を求めましょう。答えは整数か小数でかきましょう。

①

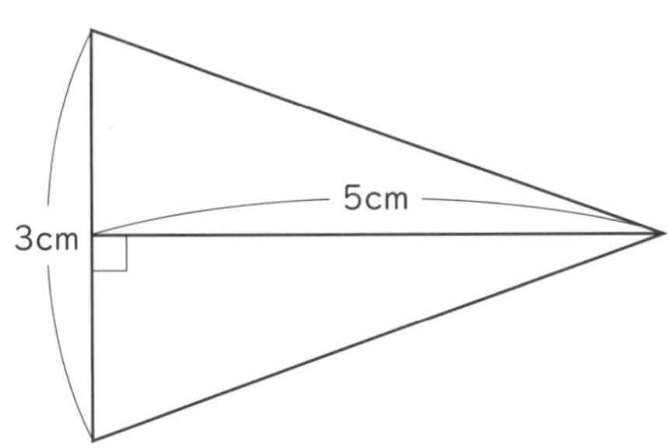

式

答え ＿＿＿＿＿＿＿＿

②

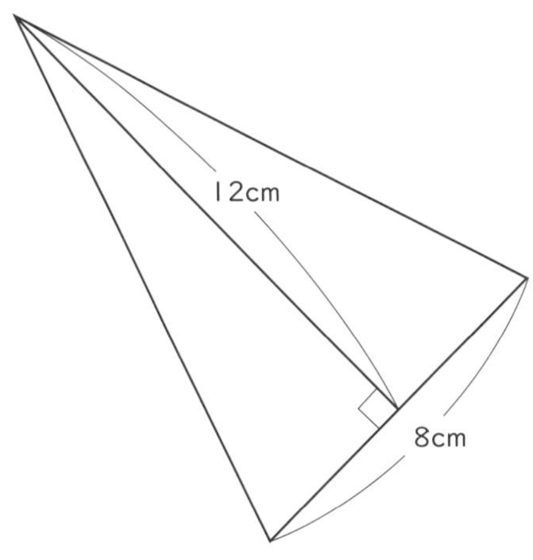

式

答え ＿＿＿＿＿＿＿＿

ロボたまにインストール…

三角形の面積は、底辺×高さ÷ □ で求めることができるよ。

図形の面積②

月　日　名前

トライ　次の図形の面積を求めましょう。

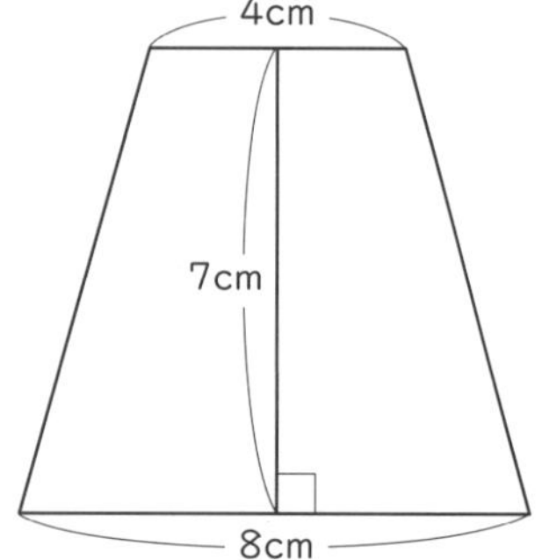

式

答え

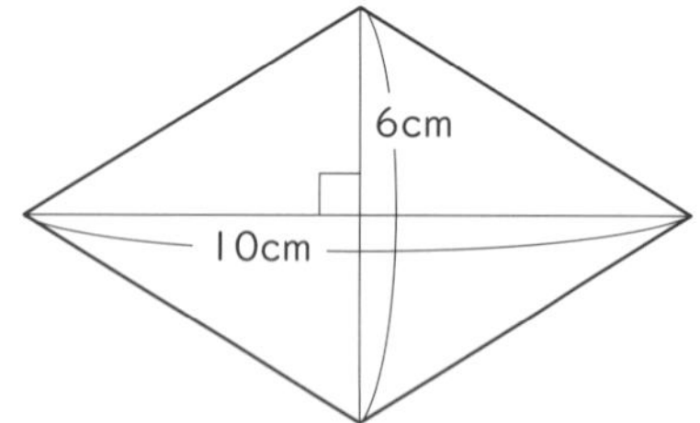

式

答え

台形の面積はどうやって求めるんだったかな？

台形の面積

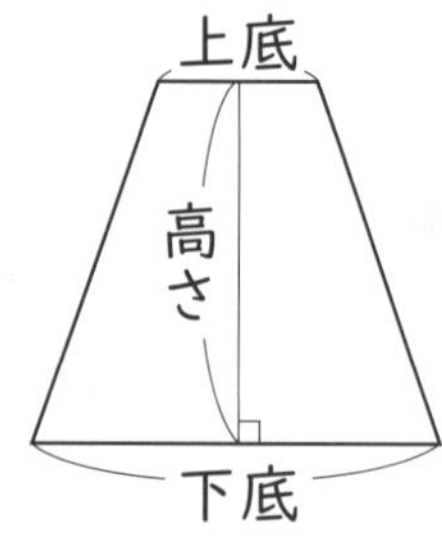

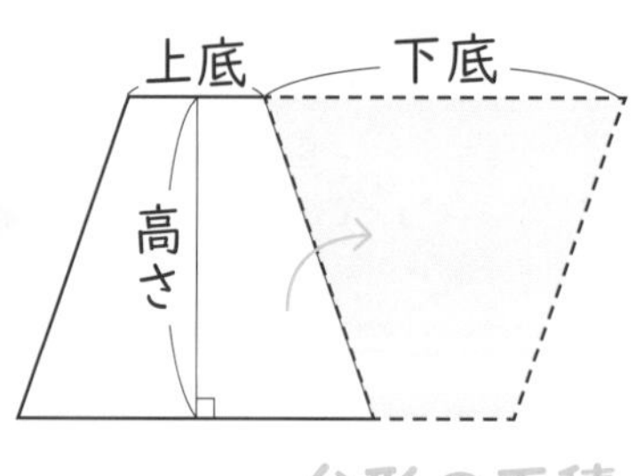

台形は、図のように同じ形をつけると平行四辺形になります。

上底と下底をたした長さが、平行四辺形の底辺になります。

台形の面積＝（上底＋下底）×高さ÷2

ひし形の面積

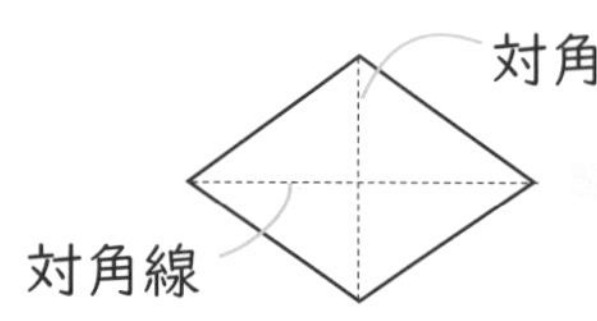

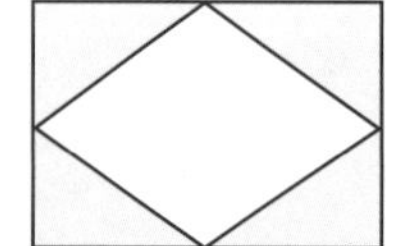

ひし形は、図のように対角線をたて・横とする長方形の半分の面積です。

ひし形の面積＝対角線×対角線÷2

トライの答え　①式　(4＋8)×7÷2＝42　42cm²　②式　10×6÷2＝30　30cm²

1 次の台形の面積を求めましょう。

①

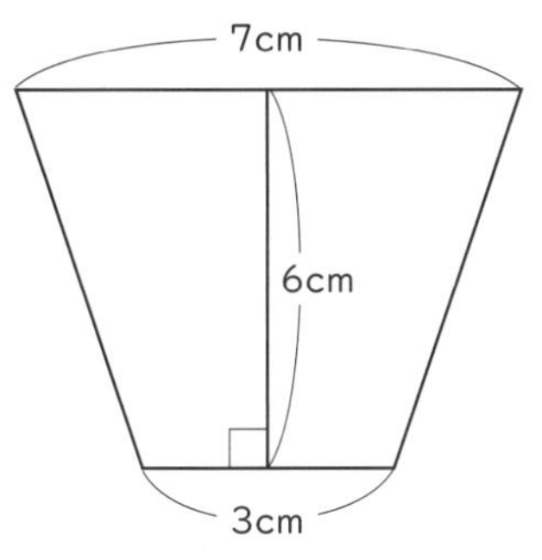

式

答え ＿＿＿＿＿＿

②

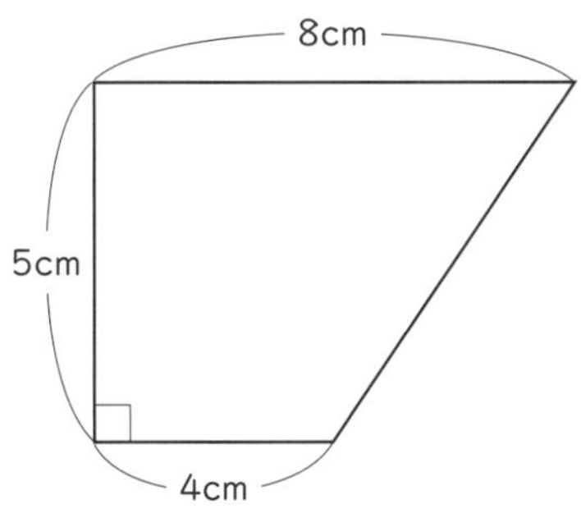

式

答え ＿＿＿＿＿＿

2 次のひし形の面積を求めましょう。

①

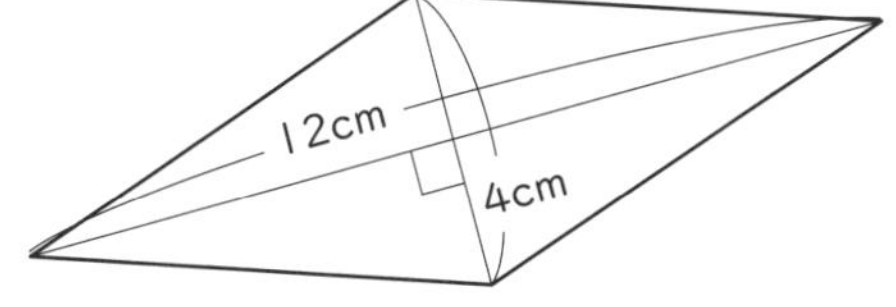

式

答え ＿＿＿＿＿＿

②

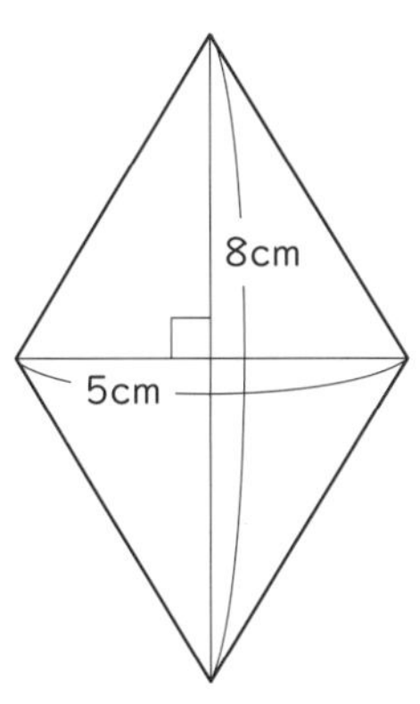

式

答え ＿＿＿＿＿＿

台形の面積は（　　　　＋　　　　）×高さ÷２　で
求めることができるよ。

16 円周率

月　　日　　名前

トライ 次の図を見て、後の問いに答えましょう。

① 次の円周の長さを求めましょう。

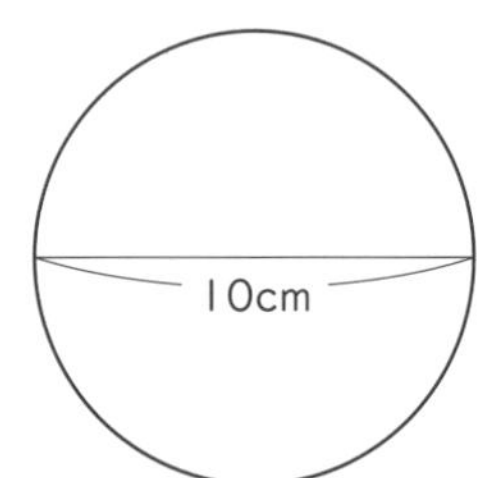

式

答え

② 次の円の直径の長さを求めましょう。

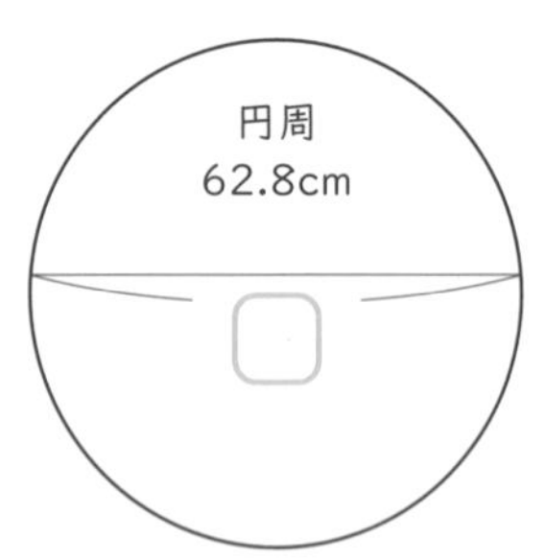

式

答え

円周と直径ってどうやって求めるんだったかな？

円の周りを円周といいます。

円周÷直径は、どの円でも同じになります。

円周 ÷ 直径 ＝ 円周率

円周率は、ふつう3.14を使います。

円周 ÷ 直径 ＝ 3.14

↓

① **円周 ＝ 直径 × 円周率**　　10 × 3.14 ＝ 31.4　　答え　31.4cm

② **直径 ＝ 円周 ÷ 円周率**　　62.8 ÷ 3.14 ＝ 20　　答え　20cm

1 次の円周の長さを求めましょう。

①
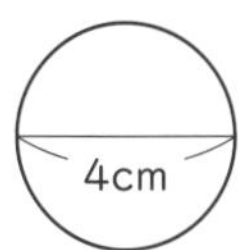

式

答え ＿＿＿＿＿＿

②
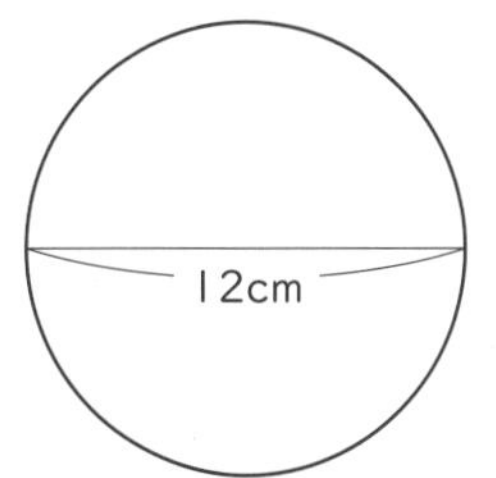

式

答え ＿＿＿＿＿＿

2 次の円の直径の長さを求めましょう。

①
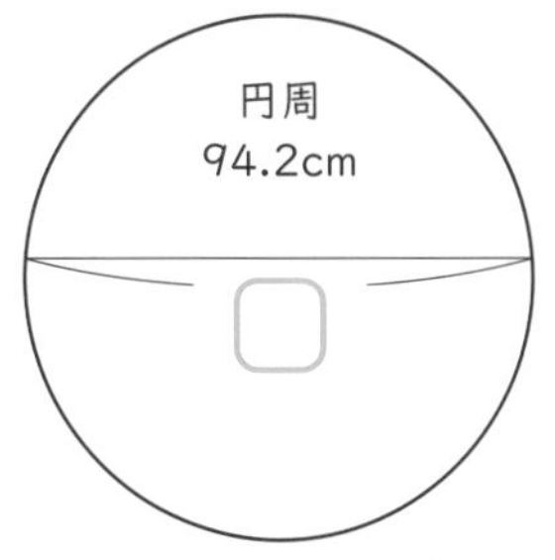

式

答え ＿＿＿＿＿＿

②
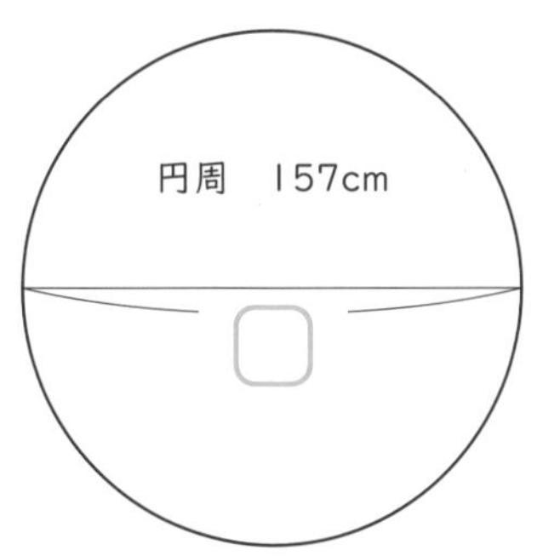

式

答え ＿＿＿＿＿＿

ロボたまにインストール…

円周は、□ × □ で求められるよ。

体積①

月　　日　　名前

トライ 次の立体の体積を求めましょう。

① 直方体

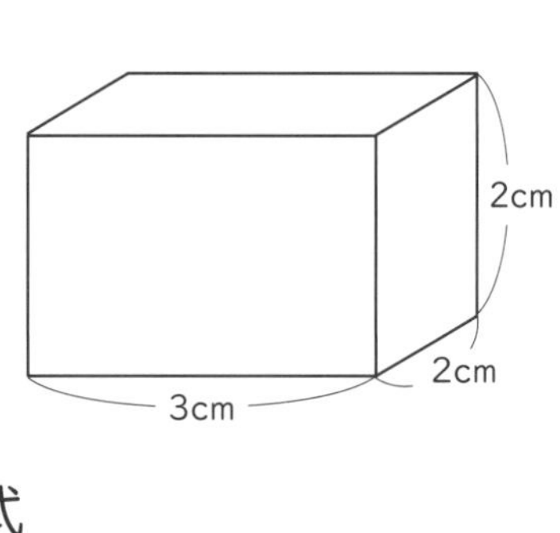

式

答え ＿＿＿＿＿＿＿＿

② 立方体

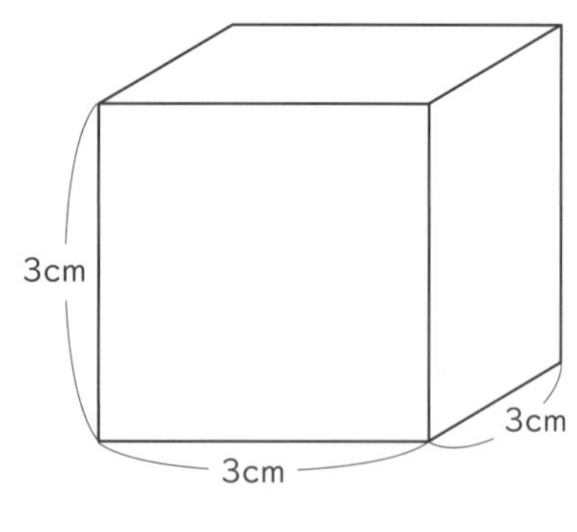

式

答え ＿＿＿＿＿＿＿＿

体積ってどうやって求めるんだったかな？

「もののかさ」のことを**体積**といいます。
体積は、１辺が１cmの立方体がいくつ分あるかで表すことができます。

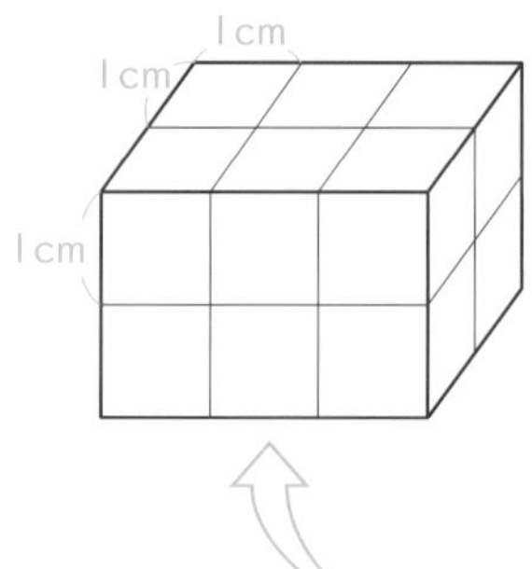

１辺が１cmの立方体（$1\,cm^3$…１立方センチメートル）が、いくつあるかな？

たて × 横 × 高さ ＝ 体積

$2 \times 3 \times 2 = 12$ 個　　$12cm^3$

トライの答え　① 式 $2\times3\times2=12$　$12cm^3$　② 式 $3\times3\times3=27$　$27cm^3$

1 次の直方体の体積を求めましょう。

①

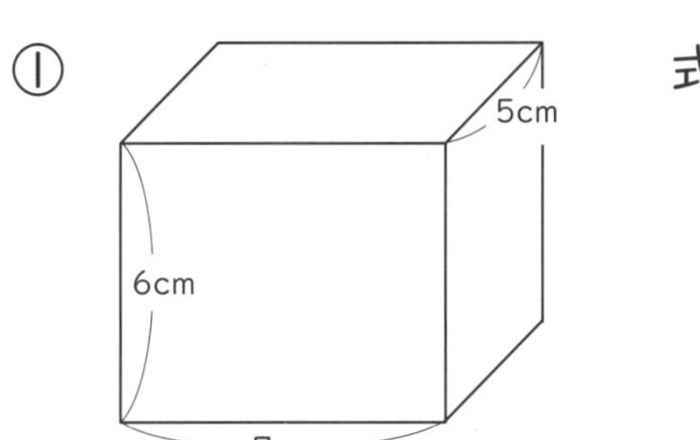

式

答え ＿＿＿＿＿＿＿＿

②

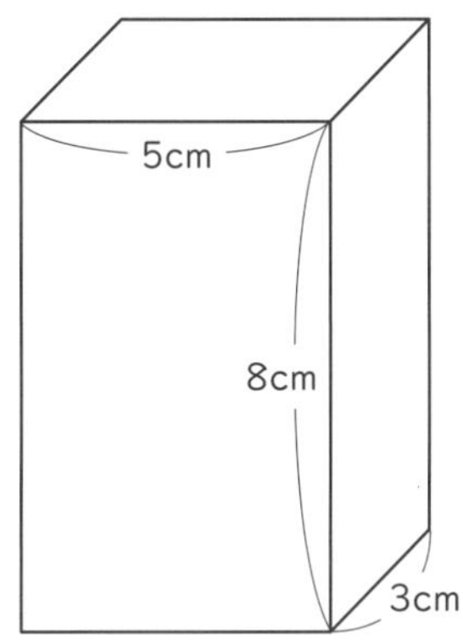

式

答え ＿＿＿＿＿＿＿＿

2 次の立方体の体積を求めましょう。

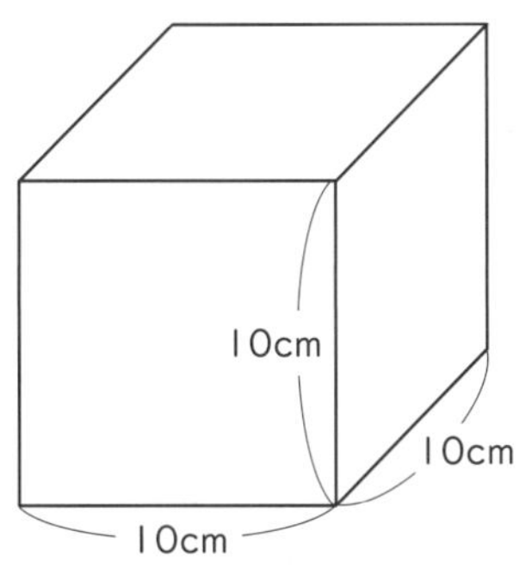

式

答え ＿＿＿＿＿＿＿＿

ロボたまにインストール…

直方体の体積は、［　　］×［　　］×［　　］で求めるよ。

体積②

月　　日　　名前

トライ　次の立体の体積を求めましょう。

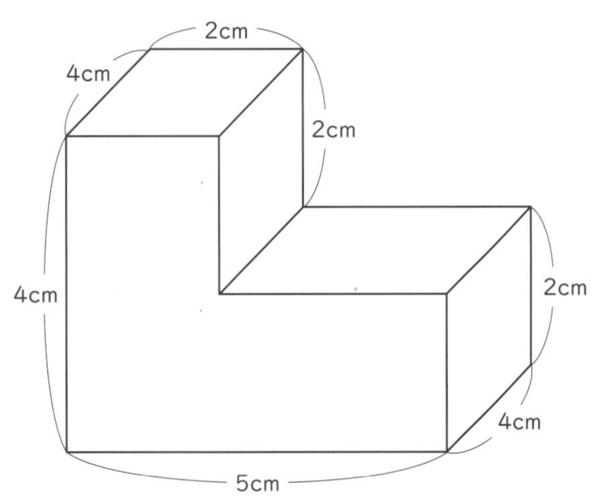

式

答え

直方体の求め方を使えないかな？

（1）　分けてたす

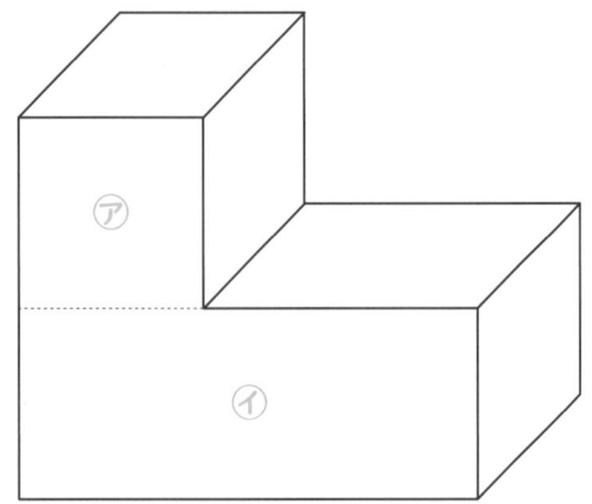

で２つの直方体㋐㋑に分けて考えます。

㋐　4 × 2 × 2 ＝ 16

㋑　4 × 5 × 2 ＝ 40

16＋40　答え　56cm³

（2）　全体からひく

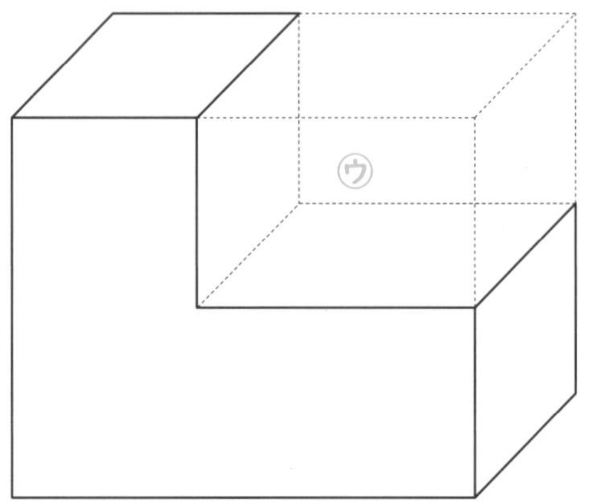

㋒の部分があると考えて、全体から㋒をひきます。

4 × 5 × 4 ＝ 80

㋒　4 × 3 × 2 ＝ 24

80－24　答え　56cm³

次の立体の体積を求めましょう。

①

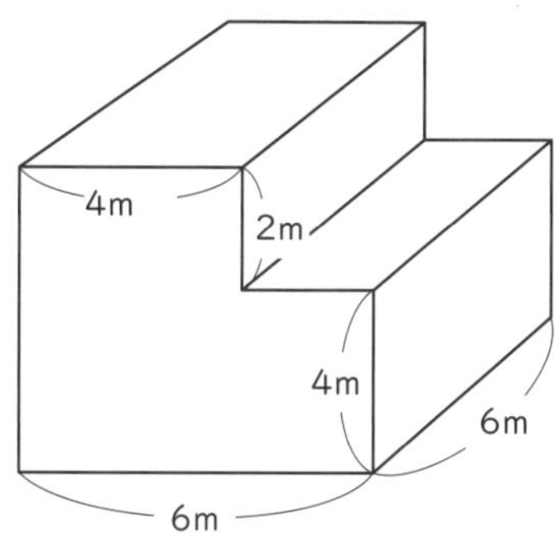

式

答え

②

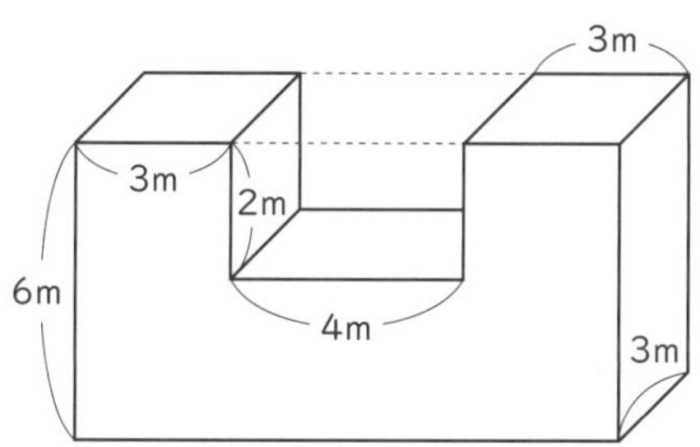

式

答え

③

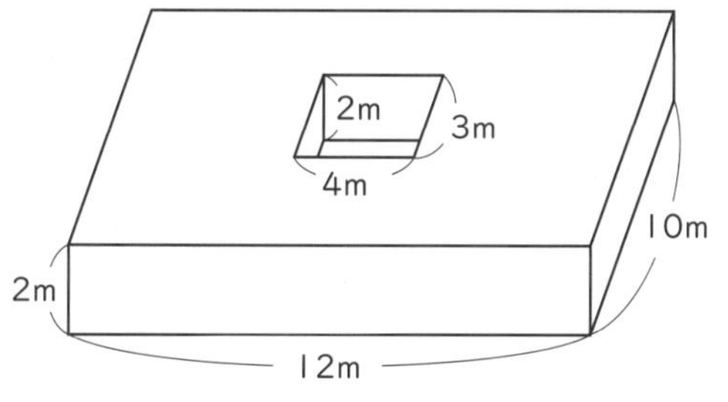

式

答え

ロボたまにインストール…

いろいろな形の体積を求めるときは、いくつかに［　　］たす方法と、欠けた部分を全体から［　　］方法があるよ。

19 単位量あたり

月　日　名前

トライ　次の表は、しゅうへいさんの漢字と計算のテストの点数です。後の問いに答えましょう。

回数	1	2	3	4
漢字	85	90	95	90
計算	79	100	100	—

① 漢字の平均点（へいきんてん）を求めましょう。

式

答え

② 計算の平均点を求めましょう。

式

答え

平均の求めかたは、全部たして、何でわるんだったかな？

〈平　均〉

いくつかの数を合計して、その合計を出すために使った数の個数（こすう）でわると、全体の数を等しい大きさにできます。これを**平均**といいます。

平均 ＝ 合計 ÷ 個数　で求められます。

① 式　(85＋90＋95＋90)÷4＝360÷4＝90　　答え　90点

トライの答え　② 式 (79＋100＋100)÷3＝93　93点

1 次の表は、１週間に保健室（ほけんしつ）を利用した人の数です。
保健室を利用した人は、１日平均何人ですか。

曜日	月	火	水	木	金
人数	9	8	10	6	7

式

答え

2 さわさんは、231ページの本を７日間で読み終えました。
１日平均何ページ読みましたか。

式

答え

3 次の表を見て、後の問いに答えましょう。

	人口(人)	面積(km^2)
A市	62500	125
B市	52250	95

① それぞれの市の１km^2あたりの人口を求めましょう。

１km^2あたりの人口を人口密度（じんこうみつど）というよ

A市　式

答え

B市　式

答え

② どちらの方が、こみあっていますか。

答え

ロボたまにインストール…

平均 ＝ □ ÷ □ で求めるよ。

速さ①

月　　日　　名前

トライ　次の問いに答えましょう。

① ３時間に180km進む自動車の速さは、時速何kmですか。

式

答え

② 200mを８秒で走るチーターの速さは、秒速何mですか。

式

答え

時速と秒速って、どうちがうのかな？

速さは、単位時間あたりで進んだ道のりで表します。

時速……１時間あたりに進む道のりで表した速さ。

分速……１分間あたりに進む道のりで表した速さ。

秒速……１秒間あたりに進む道のりで表した速さ。

右のような図をかいて、速さのところを指でかくすと、$\frac{道のり}{時間}$＝（道のり）÷（時間）となることを示しています。

① 式　180 ÷ 3 = 60　　答え　時速60km

トライの答え　② 式 200÷8=25　秒速25m

1 後の問いに答えましょう。

① 50分間で、750km進むジェット機があります。このジェット機の分速を求めましょう。

式

答え ＿＿＿＿＿＿＿＿

② 650kmの道のりを２時間30分で走る新幹線があります。この新幹線の時速を求めましょう。

式

答え ＿＿＿＿＿＿＿＿

③ 1200mを240秒で馬が走っています。この馬の秒速を求めましょう。

式

答え ＿＿＿＿＿＿＿＿

2 次の表は、ゆいさんとなおさんが走ったときの記録です。

	時間(秒)	道のり(m)
ゆいさん	40	200
なおさん	50	210

① ２人の速さを、秒速で求めましょう。

〈ゆいさん〉 式

答え ＿＿＿＿＿＿＿＿

〈なおさん〉 式

答え ＿＿＿＿＿＿＿＿

② どちらが速いですか。

答え ＿＿＿＿＿＿＿＿

ロボたまにインストール…

速さは、[　　　]÷[　　　]で求めるよ。

21 速さ②

月　　　日　　　名前

トライ 次の問いに答えましょう。

① 分速1.5kmで走る自動車が、２時間で進む道のりは何kmですか。

式

答え ＿＿＿＿＿＿＿＿

② 秒速８kmで進むロケットが、320km進むには、何秒かかりますか。

式

答え ＿＿＿＿＿＿＿＿

分速を時速にするには、どうしたらいいだろう？

道のりは、速さ×時間で、
時間は、道のり÷速さで、求められます。
①の場合「分速1.5km」「２時間」のように、
単位がそろっていないので、どちらかにそろえます。
この場合は、分速を時速になおしましょう。
１分間に1.5kmですから、1.5×60＝90（km）で時速が出せます。

時速 90km × ２時間 ＝ 180km　となります。

もう一つ、２時間を120分になおして

分速 1.5km × 120分 ＝ 180km　でも求められます。

トライの答え　① 180km　② 式 320÷8＝40　40秒

1 次の道のりを求めましょう。

① 分速300mの自転車が、12分間で走る道のりは何mですか。

式

答え ＿＿＿＿＿＿

② 自動車が、高速道路で時速96kmの速さで30分走りました。
何km進みましたか。

30分は0.5時間だね

式

答え ＿＿＿＿＿＿

2 カタツムリが、秒速0.2cmで進んでいます。6cm進むには、何秒かかるでしょう。

式

答え ＿＿＿＿＿＿

3 次の表にあてはまる速さをかきましょう。

	秒速(m)	分速(km)	時速(km)
電　車		0.9km	54km
新幹線			270km
飛行機	240m		

単位に注意しよう

ロボたまにインストール…

道のりは、[　　　] × [　　　]

時間は、[　　　] ÷ [　　　] で求めるよ。

割合①

月　　日　　名前

トライ　次の問いに答えましょう。

①　５年１組の児童の人数は30人います。そのうち18人がグラウンドで遊んでいます。クラスの児童の人数をもとにして、グラウンドで遊んでいる人の割合を求めましょう。

式

答え

②　かずきさんは、８本のシュートのうち、６本成功しました。成功したのは、何%でしょう。

式

答え

「もとにする数」って、どれになるのかな？

もとにする量を１と見たときに、比べられる量がその数のどれだけにあたるかを表した数を割合といいます。

割合 ＝ 比べられる量 ÷ もとにする量

①　もとにする量は、５年１組の人数で、比べられる量がグラウンドで遊んでいる人数なので、

18÷30＝0.6

百分率では、0.6は60%、歩合では６割となります。

トライの答え　①　式　18÷30＝0.6　0.6　②　式　6÷8＝0.75　75%

1 次の割合を、百分率で表しましょう。

① 0.03 →　　　② 0.04 →

③ 0.83 →　　　④ 1 →

⑤ 0.97 →　　　⑥ 1.5 →

2 次の百分率を、小数または整数で表しましょう。

① 70% →　　　② 50% →

③ 36% →　　　④ 9% →

⑤ 100% →　　　⑥ 180% →

3 次の文で、割合を求めるときのもとにする量を □ で囲(かこ)みましょう。

① ジャンケンで6回のうち、4回勝ったときの、勝った割合。

② 電車1両の定員150人に対する、乗客210人の割合。

③ 40題の問題のうち、28題が正答だったときの、正答の割合。

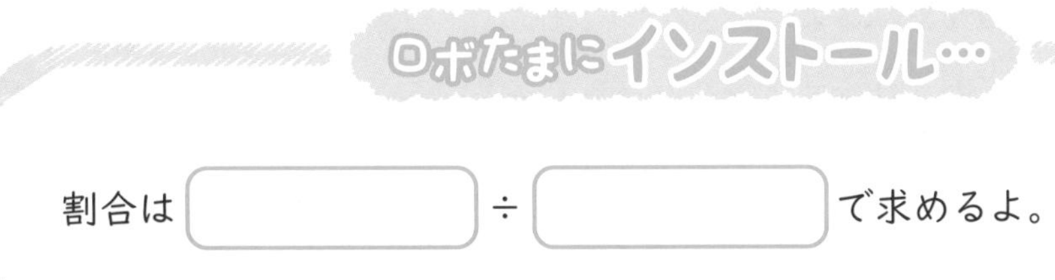

割合②

月　　日　　名前

トライ　次の問いに答えましょう。

① ５年２組の児童は30人です。そのうち30％がかぜで休みました。かぜで休んだのは何人ですか。

式

答え

② 「定価の80％」で売っている花たばを、640円で買いました。この花たばの定価はいくらですか。

式

答え

求めかたは、わり算かな？かけ算かな？

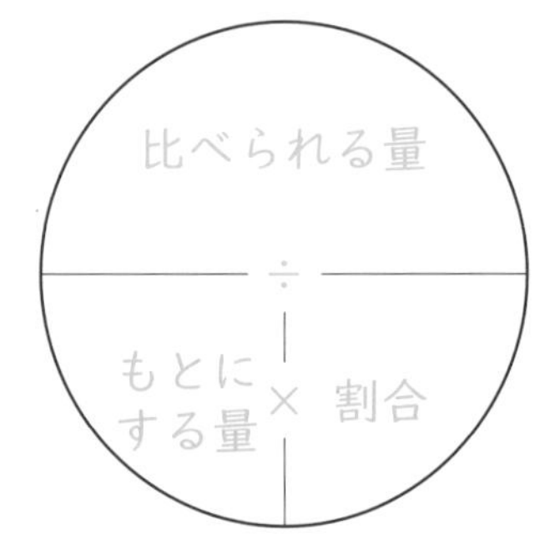

左のような図から

比べられる量 ＝ もとにする量 × 割合

もとにする量 ＝ 比べられる量 ÷ 割合

となります。

① 30％は0.3なので

30×0.3＝９　　９人

となります。

トライの答え ① 式 30×0.3＝9　9人 ② 式 640÷0.8＝800　800円

1 次の比べられる量を求めましょう。

① 定価2000円のおもちゃを、75%で買いました。このおもちゃをいくらで買いましたか。

式

答え ＿＿＿＿＿＿

② 12kmのハイキングコースのうち、25%を歩きました。何km歩きましたか。

式

答え ＿＿＿＿＿＿

2 次のもとにする量を求めましょう。

① 図書室にある本のうち、7割が物語の本で5600冊(さつ)あります。図書室の本は全部で何冊ありますか。

式

答え ＿＿＿＿＿＿

② あんなさんは7500円ちょ金しています。これは目標の25%です。いくらちょ金しようとしていますか。

式

答え ＿＿＿＿＿＿

ロボたまにインストール…

もとにする量は ［　　　］÷［　　　］で求められるよ。

学力の基礎をきたえどの子も伸ばす研究会

HPアドレス　http://gakuryoku.info/

常任委員長　岸本ひとみ
事務局　〒675-0032 加古川市加古川町備後 178−1−2−102 岸本ひとみ方 ☎・Fax 0794−26−5133

① めざすもの

私たちは、すべての子どもたちが、日本国憲法と子どもの権利条約の精神に基づき、確かな学力の形成を通して豊かな人格の発達が保障され、民主平和の日本の主権者として成長することを願っています。しかし、発達の基盤ともいうべき学力の基礎を鍛えられないまま落ちこぼれている子どもたちが普遍化し、「荒れ」の情況があちこちで出てきています。

私たちは、「見える学力、見えない学力」を共に養うこと、すなわち、基礎の学習をやり遂げさせることと、読書やいろいろな体験を積むことを通して、子どもたちが「自信と誇りとやる気」を持てるようになると考えています。

私たちは、人格の発達が歪められている情況の中で、それを克服し、子どもたちが豊かに成長するような実践に挑戦します。

そのために、つぎのような研究と活動を進めていきます。

① 「読み・書き・計算」を基軸とした学力の基礎をきたえる実践の創造と普及。
② 豊かで確かな学力づくりと子どもを励ます指導と評価の探究。
③ 特別な力量や経験がなくても、その気になれば「いつでも・どこでも・だれでも」ができる実践の普及。
④ 子どもの発達を軸とした父母・国民・他の民間教育団体との協力、共同。

私たちの実践が、大多数の教職員や父母・国民の方々に支持され、大きな教育運動になるよう地道な努力を継続していきます。

② 会　　員

- 本会の「めざすもの」を認め、会費を納入する人は、会員になることができる。
- 会費は、年 4000 円とし、7月末までに納入すること。①または②

①郵便振替　口座番号　00920−9−319769
名　　称　学力の基礎をきたえどの子も伸ばす研究会

②ゆうちょ銀行
店番099　店名〇九九店（ゼロキュウキュウ）　当座0319769

- 特典　研究会をする場合、講師派遣の補助を受けることができる。
  大会参加費の割引を受けることができる。
  学力研ニュース、研究会などの案内を無料で送付してもらうことができる。
  自分の実践を学力研ニュースなどに発表することができる。
  研究の部会を作り、会場費などの補助を受けることができる。
  地域サークルを作り、会場費の補助を受けることができる。

③ 活　　動

全国家庭塾連絡会と協力して以下の活動を行う。

- 全 国 大 会　全国の研究、実践の交流、深化をはかる場とし、年1回開催する。通常、夏に行う。
- 地域別集会　地域の研究、実践の交流、深化をはかる場とし、年1回開催する。
- 合宿研究会　研究、実践をさらに深化するために行う。
- 地域サークル　日常の研究、実践の交流、深化の場であり、本会の基本活動である。
  可能な限り月1回の月例会を行う。
- 全国キャラバン　地域の要請に基づいて講師派遣をする。

全 国 家 庭 塾 連 絡 会

① めざすもの

私たちは、日本国憲法と子どもの権利条約の精神に基づき、すべての子どもたちが確かな学力と豊かな人格を身につけて、わが国の主権者として成長することを願っています。しかし、わが子も含めて、能力があるにもかかわらず、必要な学力が身につかないままになっている子どもたちがたくさんいることに心を痛めています。

私たちは学力研が追究している教育活動に学びながら、「全国家庭塾連絡会」を結成しました。

この会は、わが子に家庭学習の習慣化を促すことを主な活動内容とする家庭塾運動の交流と普及を目的としています。

私たちの試みが、多くの父母や教職員、市民の方々に支持され、地域に根ざした大きな運動になるよう学力研と連携しながら努力を継続していきます。

② 会　　員

本会の「めざすもの」を認め、会費を納入する人は会員になれる。
会費は年額 1500 円とし（団体加入は年額 3000 円）、7月末までに納入する。
会員は会報や連絡交流会の案内、学力研集会の情報などをもらえる。

事務局　〒564-0041　大阪府吹田市泉町 4−29−13　影浦邦子方　☎・Fax 06−6380−0420
郵便振替　口座番号　00900−1−109969　　名称　全国家庭塾連絡会

算数だいじょうぶドリル　小学5年生

2021年1月20日　発行

●著者／川岸 雅詩
編集／金井 敬之
●デザイン／美濃企画株式会社
●制作担当編集／藤原 幸祐　☆☆
●企画／清風堂書店　1032
●HP／http://foruma.co.jp

●発行者／面屋 洋
●発行所／フォーラム・A
〒530-0056 大阪市北区兎我野町15-13 ミユキビル
TEL／06-6365-5606　FAX／06-6365-5607
振替／00970-3-127184
乱丁・落丁本はおとりかえいたします。

5年生
答え

p. 4-5 1 がい数

1 ① 2000　② 6000　③ 17000

2 ① 7000　② 70000　③ 157000

3 ① 38000　② 490000　③ 3000000

4 式　4000＋2000＝6000

答え　およそ6000円

ロボたまにインストール…　切りすて、切り上げ

p. 6-7 2 わり算①

1

① 5
7)39
35
4

② 6
4)27
24
3

③ 6
8)52
48
4

2

① 16
4)66
4
26
24
2

② 18
5)93
5
43
40
3

③ 28
3)86
6
26
24
2

3

① 186
5)934
5
43
40
34
30
4

② 174
3)523
3
22
21
13
12
1

③ 486
2)973
8
17
16
13
12
1

ロボたまにインストール…　たてる、かける、ひく

p. 8-9 3 わり算②

1

① 3
26)78
78
0

② 4
21)84
84
0

③ 3
23)69
69
0

2

① 4
22)88
88
0

② 2
35)70
70
0

③ 3
24)72
72
0

④ 4
12)49
48
1

⑤ 1
63)78
63
15

⑥ 2
40)96
80
16

3

① 5
22)110
110
0

② 6
68)408
408
0

③ 4
98)396
392
4

④ 9
87)794
783
11

ロボたまにインストール…　かた手かくし、両手かくし

p. 10-11 4 わり算③

1

① 21
18)378
36
18
18
0

② 14
35)490
35
140
140
0

2

① 52
11)573
55
23
22
1

② 13
61)803
61
193
183
10

③ 21
27)571
54
31
27
4

④ 23
37)858
74
118
111
7

ロボたまにインストール…　＋

p. 12-13　5　わり算④（仮商修正）

1

① 18
46)828
46
368
368
0

② 28
33)924
66
264
264
0

③ 12
56)725
56
165
112
53

④ 22
43)959
86
99
86
13

2

① 29
16)478
32
158
144
14

② 23
39)909
78
129
117
12

ロボたまにインストール…　へらす

p. 16-17　7　小数のわり算①

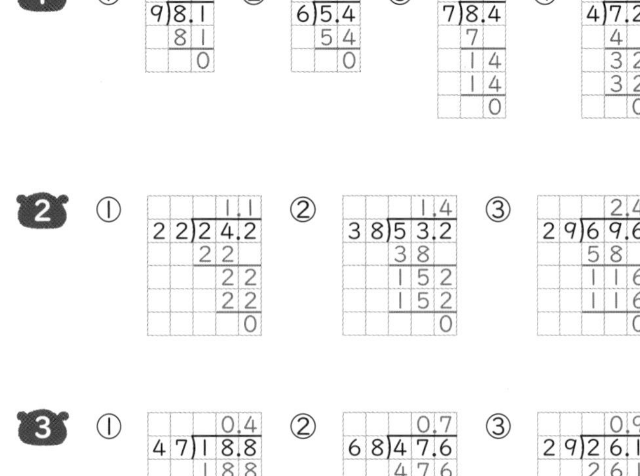

3

① 0.4
47)18.8
188
0

② 0.7
68)47.6
476
0

③ 0.9
29)26.1
261
0

ロボたまにインストール…　小数点

p. 14-15　6　小数のかけ算

1

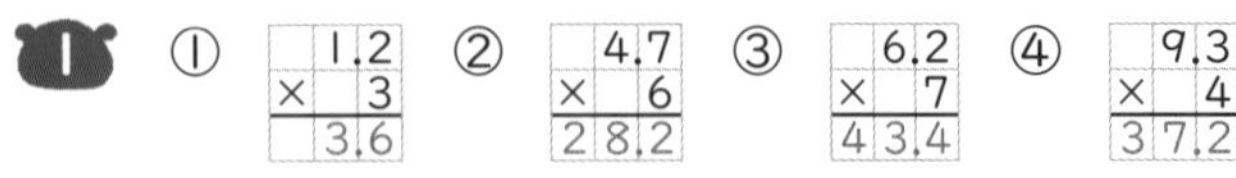

2

① 0.2 × 4 = 0.8

② 0.3 × 3 = 0.9

③ 0.5 × 7 = 3.5

④ 0.8 × 6 = 4.8

⑤ 0.2 × 5 = 1.0（0を消す）

⑥ 0.5 × 8 = 4.0（0を消す）

⑦ 3.2 × 5 = 16.0（0を消す）

3

① 4.35 × 7 = 30.45

② 3.26 × 4 = 13.04

③ 9.25 × 2 = 18.50（0を消す）

ロボたまにインストール…　小数点

p. 18-19　8　小数のわり算②

1

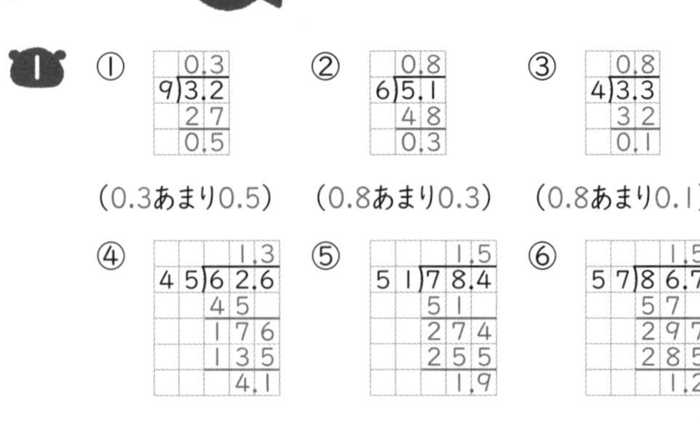

（0.3あまり0.5）　（0.8あまり0.3）　（0.8あまり0.1）

（1.3あまり4.1）　（1.5あまり1.9）　（1.5あまり1.2）

2

① 1.25
4)5.00
4
10
8
20
20
0

② 1.75
4)7.00
4
30
28
20
20
0

③ 0.375
8)3.000
24
60
56
40
40
0

ロボたまにインストール…　0

p. 20-21 9 式と計算

1
① $13 + 35 \div 7 = 13 + 5 = 18$
② $49 + 8 \times 4 = 49 + 32 = 81$
③ $16 - 12 \div 3 = 16 - 4 = 12$
④ $33 - 6 \times 2 = 33 - 12 = 21$

2
① $9 - (7 - 2) = 9 - 5 = 4$
② $3 \times (7 - 2) = 3 \times 5 = 15$
③ $(12 + 15) \div 3 = 27 \div 3 = 9$
④ $35 \div (12 - 7) = 35 \div 5 = 7$

3
① $87 \times 5 + 13 \times 5 = (87 + 13) \times 5$
$= 100 \times 5 = 500$
② $209 \times 8 - 9 \times 8 = (209 - 9) \times 8$
$= 200 \times 8 = 1600$

ロボたまにインストール… ×、÷（順番は自由）

p. 22－23 10 分数

1
① $1\frac{2}{3}$　② $2\frac{2}{5}$
③ 2　④ 4

2
① $\frac{7}{5}$　② $\frac{11}{8}$
③ $\frac{17}{7}$　④ $\frac{22}{9}$

3
① $\frac{5}{7}$　② $\frac{4}{5}$
③ $3\frac{2}{3}$　④ $3\frac{8}{7} = 4\frac{1}{7}$

4
① $\frac{4}{7}$　② $\frac{8}{9}$
③ $1\frac{1}{5}$　④ $2\frac{1}{6}$

ロボたまにインストール… 分子

p. 24-25 11 角

1 ① 60°　② 55°
③ 100°　④ 120°

2 ① 230°　② 270°

ロボたまにインストール… 中心、0

p. 26-27 12 垂直と平行

1 直線アと直線ウ

2 直線アと直線ウ
直線イと直線エ

3 角ア 45°
角イ 45°

ロボたまにインストール… 平行

p. 28-29 13 四角形

1

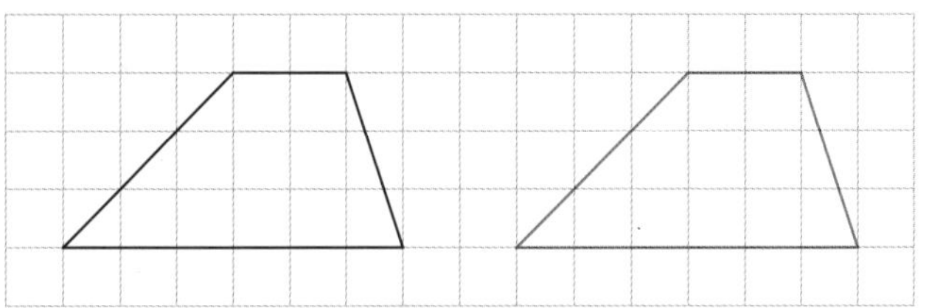

2 ①

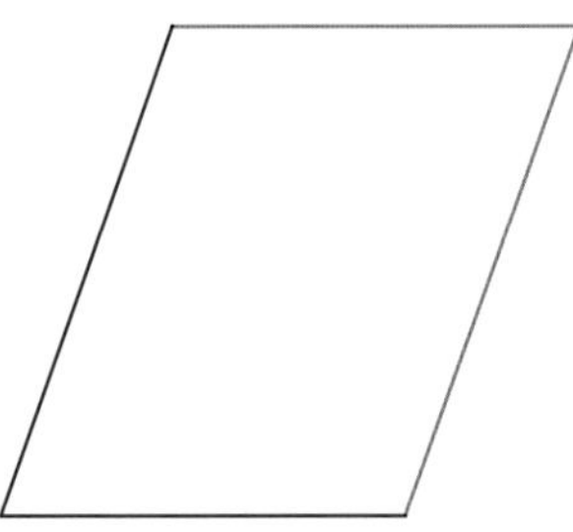

②

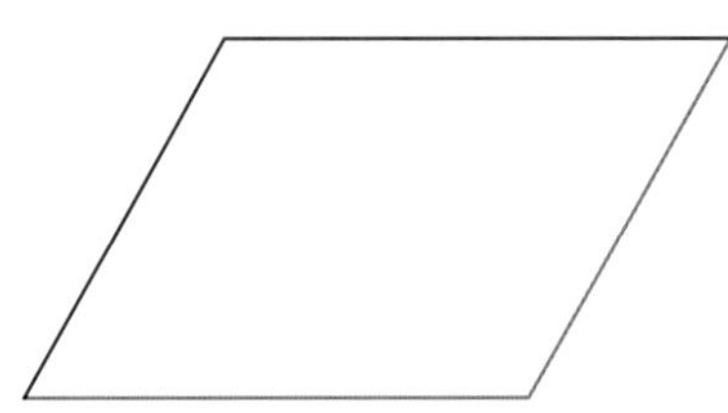

3 ①

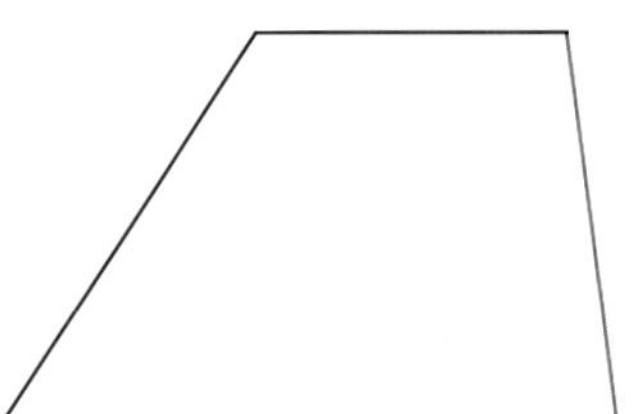

②

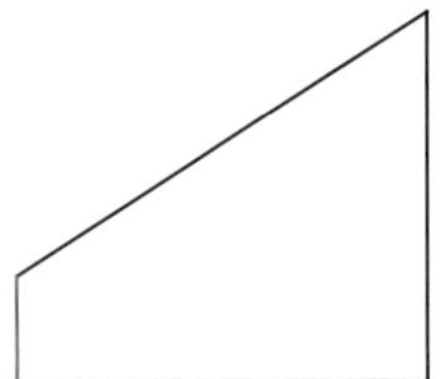

4 ①

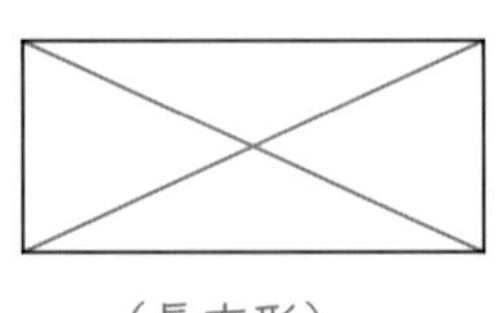

（長方形）

②

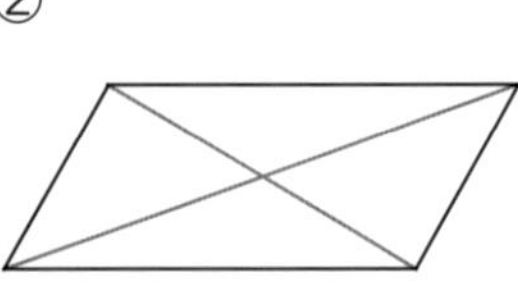

（平行四辺形）

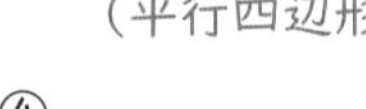

③

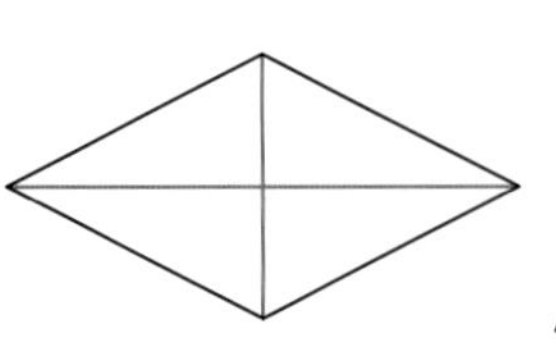

（ひし形）

④

（台形）

ロボたまにインストール… 2

p. 30-31　14　面積

1
① 式　9×12＝108　　答え　108m²
② 式　6×14＝84　　答え　84km²

2
① 式　3×6＝18　　答え　18cm²
② 式　5×5＝25　　答え　25cm²

3
① 式　60÷10＝6　　答え　6cm
② 式　64÷8＝8　　答え　8cm

4
式　例　2×3＝6
4×8＝32
6＋32＝38
答え　38m²

ロボたまにインストール…　たて、横

p. 32　さんすうクロスワード

①た	い	②か	く	せ	ん
か	■	さ	■	■	■
③く	ご	■	④く	ら	⑤い
け	■	⑥し	■	■	っ
⑦い	じ	ょ	う	■	ぺ
■	■	う	■	⑧め	ん

p. 34-35　　小数のかけ算①

1

①	②	③
1.8	1.4	2.5
×4.3	×2.2	×3.1
54	28	25
72	28	75
7.74	3.08	7.75

2

①	②	③	④
5.5	3.6	2.43	5.69
×6.7	×8.4	×1.5	×5.8
385	144	1215	4552
330	288	243	2845
36.85	30.24	3.645	33.002

ロボたまにインストール…　2

p. 36-37　　小数のかけ算②

1

①	②	③	④	⑤	⑥	⑦	⑧	⑨
0.4	0.7	0.5	4.2	3.4	8.6	0.22	0.35	0.78
×0.8	×0.6	×0.3	×0.3	×0.7	×0.5	×0.8	×0.3	×0.6
0.32	0.42	0.15	1.26	2.38	4.30	0.176	0.105	0.468

2　0がつく計算　①

3　式　2.6×0.9＝2.34
答え　2.34m²

ロボたまにインストール…　小さく

p. 38-39  小数のわり算①

1

① 3.7)7.4 答え 2
　74
　0

② 1.7)6.8 答え 4
　68
　0

③ 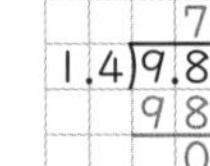

2

① 4.8)33.6 答え 7
　336
　0

② 7.3)43.8 答え 6
　438
　0

③ 3.6)14.4 答え 4
　144
　0

3

① 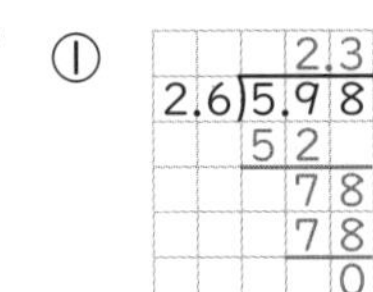

② 3.9)8.19 答え 2.1
　78
　39
　39
　0

③ 4.8)9.12 答え 1.9
　48
　432
　432
　0

④ 5.9)7.08 答え 1.2
　59
　118
　118
　0

ロボたまにインストール… 1けた分

p. 40-41  小数のわり算②

1

① 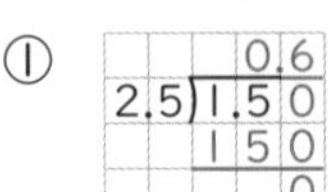

② 2.8)1.40 答え 0.5
　140
　0

③ 1.4)3.50 答え 2.5
　280
　70
　70
　0

④ 1.8)6.30 答え 3.5
　540
　90
　90
　0

2

① 4.5)86.3 答え 19
　45
　413
　405
　0.8

（19あまり0.8）

② 7.3)184.0 答え 25
　146
　380
　365
　1.5

（25あまり1.5）

ロボたまにインストール… もとの位置

p. 42-43  整数の性質① 倍数・最小公倍数

1

① 5、10、15　② 8、16、24

③ 11、22、33　④ 24、48、72

2

9の倍数 （9、18、27、36）

12の倍数 （12、24、36、48）

9と12の最小公倍数 （36）

3

① 18　② 35

③ 28　④ 24

⑤ 15　⑥ 10

⑦ 21　⑧ 15

ロボたまにインストール… 3、1、3

p. 44-45  整数の性質② 約数・最大公約数

1

① 1、2、3、6

② 1、2、4、8、16

2

9の約数 （1、3、9）

12の約数 （1，2、3、4、6、12）

9と12の公約数 （1、3）

3

① 10

② 6

③ 7

ロボたまにインストール… 3、3

p. 46-47  分数

1

① $\frac{1}{4}$　② $\frac{2}{3}$　③ $\frac{1}{2}$

④ $\frac{1}{3}$　⑤ $\frac{1}{4}$　⑥ $\frac{6}{7}$

2

① $\frac{6}{9}$, $\frac{4}{9}$　② $\frac{5}{30}$, $\frac{6}{30}$

③ $\frac{5}{45}$, $\frac{9}{45}$　④ $\frac{12}{15}$, $\frac{10}{15}$

⑤ $\frac{24}{30}$, $\frac{7}{30}$　⑥ $\frac{25}{45}$, $\frac{18}{45}$

3

① ○$\frac{20}{24}$, $\frac{15}{24}$　② $\frac{2}{14}$, ○$\frac{3}{14}$

③ $\frac{27}{42}$, ○$\frac{35}{42}$　④ ○$\frac{15}{24}$, $\frac{14}{24}$

ロボたまにインストール…　8

p. 48-49  分数のたし算①

1

① $\frac{1}{7}+\frac{3}{4}=\frac{4}{28}+\frac{21}{28}=\frac{25}{28}$

② $\frac{1}{2}+\frac{2}{5}=\frac{5}{10}+\frac{4}{10}=\frac{9}{10}$

③ $\frac{1}{4}+\frac{3}{8}=\frac{2}{8}+\frac{3}{8}=\frac{5}{8}$

④ $\frac{8}{21}+\frac{3}{7}=\frac{8}{21}+\frac{9}{21}=\frac{17}{21}$

2

① $\frac{2}{3}+\frac{2}{15}=\frac{10}{15}+\frac{2}{15}=\frac{12}{15}=\frac{4}{5}$

② $\frac{1}{6}+\frac{7}{18}=\frac{3}{18}+\frac{7}{18}=\frac{10}{18}=\frac{5}{9}$

③ $\frac{7}{10}+\frac{2}{15}=\frac{21}{30}+\frac{4}{30}=\frac{25}{30}=\frac{5}{6}$

④ $\frac{5}{6}+\frac{3}{10}=\frac{25}{30}+\frac{9}{30}=\frac{34}{30}=\frac{17}{15}$

$=1\frac{2}{15}$

ロボたまにインストール…　約分、約分

p. 50-51  分数のたし算②

1

① $\frac{7}{8}+\frac{1}{6}=\frac{21}{24}+\frac{4}{24}=\frac{25}{24}=1\frac{1}{24}$

② $\frac{4}{3}+\frac{7}{9}=\frac{12}{9}+\frac{7}{9}=\frac{19}{9}=2\frac{1}{9}$

③ $\frac{5}{6}+\frac{11}{8}=\frac{20}{24}+\frac{33}{24}=\frac{53}{24}=2\frac{5}{24}$

④ $\frac{5}{14}+\frac{9}{7}=\frac{5}{14}+\frac{18}{14}=\frac{23}{14}=1\frac{9}{14}$

2

① $2\frac{1}{9}+1\frac{2}{3}=2\frac{1}{9}+1\frac{6}{9}=3\frac{7}{9}$

② $1\frac{1}{2}+1\frac{4}{7}=1\frac{7}{14}+1\frac{8}{14}=2\frac{15}{14}$

$=3\frac{1}{14}$

③ $3\frac{5}{6}+2\frac{1}{4}=3\frac{10}{12}+2\frac{3}{12}=5\frac{13}{12}$

$=6\frac{1}{12}$

④ $2\frac{1}{2}+1\frac{7}{8}=2\frac{4}{8}+1\frac{7}{8}=3\frac{11}{8}=4\frac{3}{8}$

ロボたまにインストール… 帯分数

p. 52-53 10 分数のひき算①

1

① $\frac{2}{5}-\frac{1}{7}=\frac{14}{35}-\frac{5}{35}=\frac{9}{35}$

② $\frac{8}{9}-\frac{2}{3}=\frac{8}{9}-\frac{6}{9}=\frac{2}{9}$

③ $\frac{5}{6}-\frac{1}{4}=\frac{10}{12}-\frac{3}{12}=\frac{7}{12}$

④ $\frac{7}{8}-\frac{1}{6}=\frac{21}{24}-\frac{4}{24}=\frac{17}{24}$

2

① $\frac{1}{2}-\frac{1}{6}=\frac{3}{6}-\frac{1}{6}=\frac{2}{6}=\frac{1}{3}$

② $\frac{5}{6}-\frac{7}{12}=\frac{10}{12}-\frac{7}{12}=\frac{3}{12}=\frac{1}{4}$

③ $\frac{7}{15}-\frac{3}{10}=\frac{14}{30}-\frac{9}{30}=\frac{5}{30}=\frac{1}{6}$

④ $\frac{5}{14}-\frac{1}{6}=\frac{15}{42}-\frac{7}{42}=\frac{8}{42}=\frac{4}{21}$

ロボたまにインストール… 分母

p. 54-55  分数のひき算②

1

① $\frac{5}{4}-\frac{5}{7}=\frac{35}{28}-\frac{20}{28}=\frac{15}{28}$

② $1\frac{2}{9}-\frac{1}{3}=1\frac{2}{9}-\frac{3}{9}=\frac{11}{9}-\frac{3}{9}$

$=\frac{8}{9}$

③ $1\frac{1}{6}-\frac{3}{5}=1\frac{5}{30}-\frac{18}{30}=\frac{35}{30}-\frac{18}{30}$

$=\frac{17}{30}$

2

① $3\frac{1}{2}-1\frac{1}{3}=3\frac{3}{6}-1\frac{2}{6}=2\frac{1}{6}$

② $2\frac{1}{7}-1\frac{3}{14}=2\frac{2}{14}-1\frac{3}{14}$

$=1\frac{16}{14}-1\frac{3}{14}=\frac{13}{14}$

③ $2\frac{5}{8}-1\frac{3}{14}=2\frac{35}{56}-1\frac{12}{56}=1\frac{23}{56}$

④ $5\frac{1}{6}-3\frac{9}{10}=5\frac{5}{30}-3\frac{27}{30}$

$=4\frac{35}{30}-3\frac{27}{30}$

$=1\frac{8}{30}=1\frac{4}{15}$

ロボたまにインストール… 1

p. 56-57  図形の合同

1 (あ, き)、(い, か)、(う, え)

(順不同)

2

① 頂点 A と頂点 E

頂点 B と頂点 D

頂点 C と頂点 F

(「ちょう点」でも正解)

② 辺 AB と辺 ED

辺 BC と辺 DF

辺 CA と辺 FE

③ 角 A と角 E

角 B と角 D

角 C と角 F

ロボたまにインストール… 等しく、等しく

p. 58-59  図形の性質

1

あ 45°

い 90°

う 45°

か 60°

き 90°

く 30°

2 ① 60°　② 60°

3 角あ 160°　角い 80°

ロボたまにインストール… 360°

p. 60-61　14　図形の面積①

1　① 式　6×2=12

答え　$12m^2$

② 式　7×3=21

答え　$21m^2$

2　① 式　3×5÷2=7.5

答え　$7.5cm^2$

② 式　8×12÷2=48

答え　$48cm^2$

ロボたまにインストール…　2

p. 62-64　15　図形の面積②

1　① 式　(7+3)×6÷2=30

答え　$30cm^2$

② 式　(8+4)×5÷2=30

答え　$30cm^2$

2　① 式　12×4÷2=24

答え　$24cm^2$

② 式　8×5÷2=20

答え　$20cm^2$

ロボたまにインストール…　上底、下底

p. 64-65　16　円周率

1　① 式　4×3.14=12.56

答え　12.56cm

② 式　12×3.14=37.68

答え　37.68cm

2　① 式　94.2÷3.14=30

答え　30cm

② 式　157÷3.14=50

答え　50cm

ロボたまにインストール…　直径、円周率

p. 66-67　　体積①

1　① 式　5×7×6=210

答え　$210cm^3$

② 式　3×5×8=120

答え　$120cm^3$

2　式　10×10×10=1000

答え　$1000cm^3$

ロボたまにインストール…　たて、横、高さ

p. 68-69　18　体積②

① 式

例　6×4×2=48

6×6×4=144

48×144=192

答え　192m³

② 式

例　3×10×6=180

3×4×2=24

180−24=156

答え　156m³

③ 式

例　10×12×2=240

3×4×2=24

240−24=216

答え　216m³

ロボたまにインストール…　分けて、ひく

p. 70-71　19　単位量あたり

1 式　(9+8+10+6+7)÷5=8

答え　8人

2 式　231÷7=33

答え　33ページ

3 ① A市　式　62500÷125=500

答え　500人

B市　式　52250÷95=550

答え　550人

② B市

ロボたまにインストール…　合計、個数

p. 72-73　20　速さ①

1 ① 式　750÷50=15

答え　分速15km

② 式　650÷2.5=260

答え　時速260km

③ 式　1200÷240=5

答え　秒速5m

2 ① 式　200÷40=5

答え　秒速5m

式　210÷50=4.2

答え　秒速4.2m

②　答え　ゆいさん

ロボたまにインストール…　道のり、時間

p. 74-75　21　速さ②

1 ① 式　300×12=3600

答え　3600m

② 式　96×0.5=48

答え　48km

2 式　6÷0.2=30　答え　30秒

3

	秒速(m)	分速(km)	時速(km)
電　車	15m	0.9km	54km
新幹線	75m	4.5km	270km
飛行機	240m	14.4km	864km

ロボたまにインストール…　速さ、時間
道のり、速さ

p. 76-77　22　割合①

1
① 3%　② 4%
③ 83%　④ 100%
⑤ 97%　⑥ 150%

2
① 0.7　② 0.5
③ 0.36　④ 0.09
⑤ 1　⑥ 1.8

3 囲むところ
① 6回
② 210人
③ 40題

ロボたまにインストール…　比べられる量、もとにする量

p. 78-79  割合②

1
① 式　2000×0.75＝1500
答え　1500円
② 式　12×0.25＝3
答え　3km

2
① 式　5600÷0.7＝8000
答え　8000冊
② 式　7500÷0.25＝30000
答え　30000円

ロボたまにインストール…　比べられる量、割合